実習ライブラリ＝13

実習
R言語による統計学

内田 治・笹木 潤・佐野雅隆＝共著

サイエンス社

■本書で使用するサンプルデータについて

　本書の一部において，予め用意されているデータファイル（CSV）を使用するものがあります．

　これらのファイルは ZIP 形式で 1 つのファイルに圧縮され，サイエンス社のホームページ内，本書の紹介ページの「サポート」よりダウンロードできます．

サイエンス社のホームページ： https://www.saiensu.co.jp

ファイル名： 実習 R サンプルデータ.zip

　ダウンロードは，使用しているパソコンの「デスクトップ」上へ行ってください（ダウンロード後にデスクトップへ移動，としても問題ありません）．

　ZIP 圧縮ファイルの解凍（展開）方法は Windows（Mac OS）に標準で備え付けられていますので，各自で解凍（展開）を行ってください．

　本書では，上記の操作に基づいて説明されています．

ご意見・ご要望は　rikei@saiensu.co.jp　まで．

まえがき

　本書は統計学に基づいたデータ解析の方法を R という統計ソフトを使いながら学習するためのテキストとして作成したものです．本書の対象は大学生から社会人までを考えています．本書で利用している R という統計ソフトはフリー（無料）で，世界中の多くの学生や研究者に活用されている信頼性の高いソフトです．また，基本的な手法から多変量解析と呼ばれるような高度な手法まで実行することができる非常に便利なツールです．このソフトを使いながら，統計学の基本から，検定や推定，回帰分析といった統計解析の代表的な手法まで学習できるように構成しています．

　本書の構成は以下の通りです．

　第 1 章では統計学の必要性を説明しています．第 2 章では本書で用いる R についての基礎的な知識を説明しています．第 3 章から具体的な方法を順次説明しています．第 4 章では平均値や標準偏差といった統計学の基本と R による求め方を解説しています．第 5 章と第 6 章はデータを視覚化するためのグラフを紹介しています．具体的にはヒストグラムや箱ひげ図と呼ばれるグラフを取り上げています．第 7 章は分割表とよばれる集計表をグラフ化する方法を取り上げています．第 8 章と第 9 章は平均値を比べて，差があると判断してよいかどうかを調べる方法を紹介しています．この方法は検定と呼ばれるもので，検定の中でも使用頻度の多い t 検定と分散分析という手法を取り上げています．第 9 章と第 10 章では割合（比率）の差を検討するときに使う手法を取り上げました．第 11 章は 2 種類のデータの間に関係があるかどうかを見るための方法である相関分析を解説しています．第 12 章と第 13 章は，統計学の手法の中でも t 検定と並んで非常に活用頻度の多い，回帰分析と呼ばれる手法を取り上げています．回帰分析は来月の売上高とか，製品の強度だとか，そのような数値データを予測するために使われる手法です．第 14 章ではノンパラメトリック法という方法を解説しています．統計学の方法の多くは，解析対象としているデータが正規分布と呼ばれる分布に従っているという前提で構築されています．ノンパラメトリック法というのは，ある特定の分布に従っていることを前提としない手法のことです．最後の第 15 章には復習と実践をかねた練習問題をつけました．本書の構成は以上ですが，どの章においても，R を使った統計学的手法の実践について解説している，という点が本書の特徴です．

　本書が統計学と R を学ぶ大学生や社会人の一助となれば幸いです．

　2020 年 8 月

著　者

目　次

第1章　統計学の概要

1.1　統計学の必要性と用途

1.1.1　統計学の必要性

40 人にある 2 つの政策 A と B を提示して，どちらに賛成かを回答してもらう調査を行ったとする．結果は 24 人が A，16 人が B と答えた．この結果をグラフに表すと次のようになる．

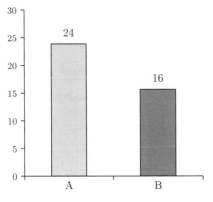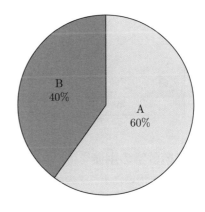

図 1.1

この結果から，A のほうが B よりも賛成意見が多いという結論を出してもよいかどうかという問題が生じる．なぜならば，この結果は 40 人の結果に過ぎない．評価者の数を増やして，400 人調べれば結果は変わるかもしれない．また，A は 60%，B は 40%という割合であったが，400 人調べたときに，A が 120 人，B が 80 人という結果であっても，割合で表記すれば，同じように A は 60%，B は 40%となる．割合の数値は同じであっても，40 人の回答結果と 400 人の回答結果では，信憑性は異なるであろう．このような疑問を解決するために統計解析が必要となる．

ここで，先の結果を「誤差」という観点から眺めてみる．いま，コインを 40 回投げる実験を行ったとしよう．表と裏の生じる確率が同じであっても，表が 20 回，裏が 20 回出るとは限らない．表が 21 回，裏が 19 回であっても不思議ではないであろう．この程度の食い違いは誤差の範囲と考えられるからである．

40 人に意見を聞いて，A に賛成が 21 人，B に賛成が 19 人であったらならば，まったく同様に，この差は誤差の範囲と考えることになろう．では，A が 24 人，B が 16 人は誤差の範囲といえるか．誤差の範囲と考えるならば，A と B には差が認められないという結論が得られる．誤差の範囲を超えていると考えるならば，A と B に差は認められないということになる．誤差の範囲を超えた差かどうかを判定するには，統計学を必要とするのである．

1.1.2　2つの統計学

　統計学は**記述統計学**と**推測統計学**の2つに大別される．データの集まりから，特徴や傾向をつかむために平均値や標準偏差，あるいは，先の例の賛成割合を求めるのが記述統計学である．

　一方，差が認められるかどうか，誤差の範囲かどうかというようなことを判定するのが推測統計学である．

　推測統計学の特徴として，**母集団**と**サンプル**という概念がある．母集団とは，自分が興味を持っている測定値の集まり全体である．一方，サンプルとは，実際に手元にあるデータで，サンプルは母集団から抜きとってきたものであるという考えで，データの分析作業を進めていくのである．

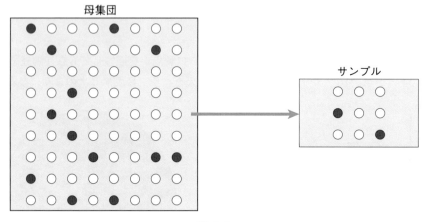

図 1.2

1.1.3　統計学の用途

統計学の方法を用いたデータの解析を必要とする場面は，以下の6つに分けられる．

① 現状の把握　　　　　　　　　　④ 未知の予測
② 差異の把握　　　　　　　　　　⑤ 未知の判別
③ 関係の把握　　　　　　　　　　⑥ データの分類

① 現状の把握

　現状の把握とは，日本人の身長の平均値を求める，毎月の売上の推移を求めるといった作業である．ここでは，データを要約する方法とデータをグラフ化する方法に関する知識が要求される．

② 差異の把握

　中学生のお小遣いを調査したとして，男子と女子では差が認められるかというように，比べた結果として生じた差が，誤差の範囲か否かを判定する作業に統計学は役立つものである．このための具体的な統計学の方法は，「検定」と呼ばれるものである．検定には，平均値の差を議論するときに使う方法，割合の差を議論するときに使う方法など，さまざまな種類があり，その使い分けを習得する必要がある．検定では，差が認められるとき，その差は「有意である」という言い方をする．

③ 関係の把握

　体重と身長というように，2種類のデータが得られたときに，その2種類のデータの間に何らかの関係があるのかどうかを探索する作業に統計学の方法が使われる．具体的には「相関分析」と呼ばれるものである．体重が多いと身長も高いという傾向があるのかどうかを分析しようというもの

である．この方法は，ある結果の原因を見つける（要因解析という）場面で最もよく使われる．

　統計学は数量的な関係の把握だけに限られるものではなく，血液型と性格の関係というように，定性的なもの同士の関係を把握するという場面でも使われる．

④　未知の予測

　今月までの売上をもとに来月の売上を予測したい，製造工程での熱処理温度を使って完成品の強度を予測したいという，未知の数値を予測する場面で，統計学の方法を利用することができる．このようなときに使われるのが「回帰分析」と呼ばれるものである．ある数値を予測したいという人は，回帰分析を習得する必要がある．

　なお，予測には回帰分析のほかに，**機械学習**の分野に属する**ニューラルネット**と呼ばれる方法も最近では使われるようになってきている．ニューラルネットを統計学の方法といってよいかどうかは議論が分かれている．

⑤　未知の判別

　数値を「あてる」のを予測というのに対して，非数値をあてるのを判別という．たとえば，過去の購買履歴からこの顧客は次に何を買うかというのは，非数値をあてるという作業であり，数値の予測と区別するために，判別という言い方をする．このときにも統計学の手法は有用で，具体的には，「ロジスティック回帰分析」，「判別分析」，「決定木分析」といった手法が用いられる．

　医療の分野で，血液検査の結果をもとに，ある病気に罹っているかどうかを判定するのも未知の判別である．

⑥　データの分類

　顧客を購買行動で分類したい，あるいは，商品を似たもの同士に分類して，競合商品を見つけたいというような場面がデータの分類である．ここでは，「クラスタ分析」，「コレスポンデンス分析」といった統計学の方法が使われる．

■　テキストマイニング

　ここまでに示した6つの用途のほかに，感想文などの文章を統計学の方法で分析しようという場面がある．このための方法が**テキストマイニング**と呼ばれるもので，ツイッターの分析，ブログの分析，コールセンターの応答状況の分析などに利用されている．

1.2 統計学に基づいた統計的方法

■ データを視覚化するための手法

データを視覚化するための基本的かつ必要となる手法として，次を挙げることができる．

- 棒グラフ
- 円グラフ
- 帯グラフ
- モザイクプロット
- ヒストグラム
- 箱ひげ図
- ドットプロット
- 幹葉図
- 散布図

■ データを要約するための手法

- 平均値
- 中央値
- 分散
- 標準偏差
- パーセンタイル
- 範囲
- 四分位範囲
- 四分位偏差

■ 関係を把握するための手法

- 相関分析
- 分割表解析

■ 違いを把握するための手法

- 層別
- 平均値比較

■ 予測のための手法

- 単回帰分析
- 重回帰分析

■ 推測するための手法

- 仮説検定（有意性検定）
- 区間推定

■ 統計ソフト

データのグラフ化と統計的方法による統計解析に必要となる代表的な統計ソフトを以下に示そう．

① SAS
② JMP
③ SPSS（IBM SPSS）
④ Minitab
⑤ Stat Works
⑥ STATA
⑦ HAD
⑧ JASP
⑨ JAMOVI
⑩ R

上記のソフトはどれも筆者のお勧めであるが，①から⑥までは商用の有料ソフトである．⑥を除いて日本語版が用意されている．⑦から⑩が無料でフリーのソフトである．本書では R を使う．

なお，R には R を使いやすくするための R コマンダーと RStudio というツールがある．

第2章　R入門

2.1　Rの概要

2.1.1　Rとは

R言語は，フリーソフトウェアの統計解析およびグラフィックス向けのプログラミング言語・環境である（以降，本書ではRと記す）．Rは世界中で使用されており，日本語にも対応している．Rの強みは何といっても，多数の統計解析手法がフリーで提供されているという点である．統計解析手法は日々開発されており，最先端の統計解析手法も利用することが可能である．統計解析手法の多くは，Rのパッケージとして公開されており，現在では6000以上のパッケージが登録されている．

図 2.1

2.1.2　Rの入手方法

開発されたRは，RのCRAN[1]と呼ばれるネットワークで配信されており，下記のサイトよりアクセスしてダウンロードすることができる．https://cran.r-project.org/または，国内ミラーサイト[2]へアクセスしてダウンロードする．

---

[1] CRAN（Comprehensive R Archive Network）
[2] 日本国内には以下がある．
　https://cran.ism.ac.jp/　　　The Institute of Statistical Mathematics, Tokyo
　https://ftp.yz.yamagata-u.ac.jp/pub/cran/　　　Yamagata University

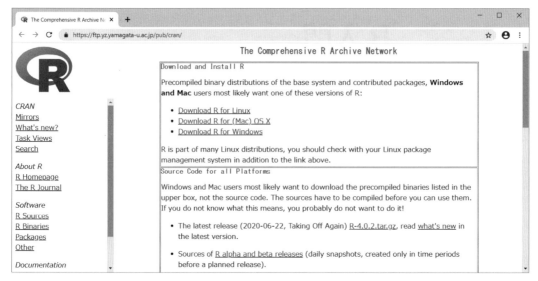

図 2.2

2.1.3　R のインストール方法

(1)　ダウンロード

①　**CRAN へアクセス**

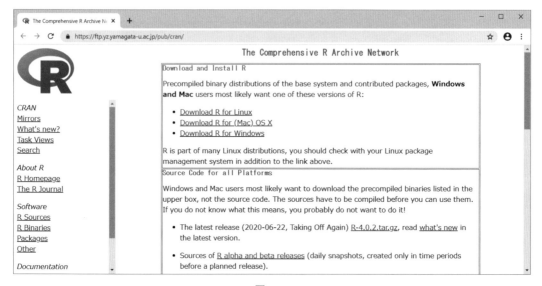

図 2.3

② OS の選択

使用している OS に合わせて選択する.

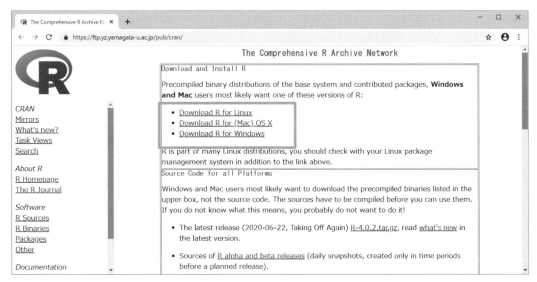

図 2.4

- Windows：［Download R for Windows］を選択
- Mac：［Download R for (Mac) OS X］を選択

Windows の場合

③ Subdirectories の選択

［base］を選択する（［install R for the first time］を選択しても同様）.

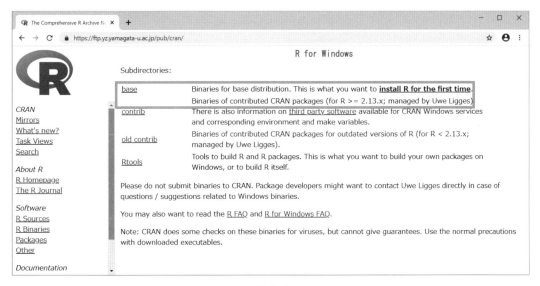

図 2.5

④　バージョンの選択

最新バージョンが表示される．選択するとダウンロードが開始される．

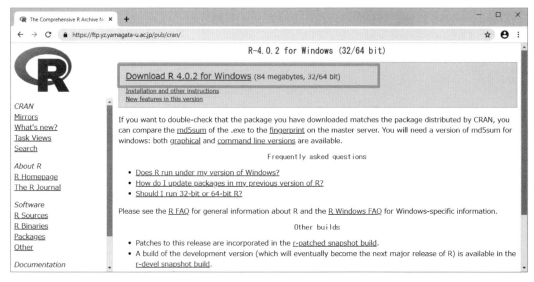

図 2.6

(2)　インストール

ダウンロードが完了したら，R のインストールを実行する．メッセージが表示されたら「実行」または「はい」を選択する．

①　言語の選択

［日本語］を選択して［OK］をクリックする．

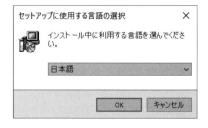

図 2.7

②　利用規約の確認

内容を確認して［次へ］をクリックする．

図 2.8

③　インストール先の指定

インストール先を指定して［次へ］をクリックする．

図 2.9

④　コンポーネントの選択

［32-bit 利用者向けインストール］または［64-bit 利用者向けインストール］を選択して［次へ］をクリックする．

32bit

64bit

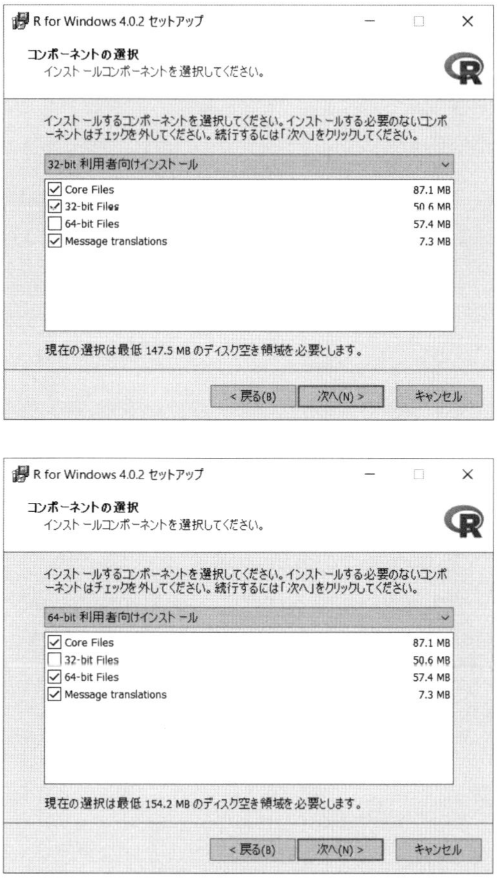

図 2.10

⑤　起動時オプションの選択

　［次へ］を選択する（初心者の方はデフォル
ト設定をお勧めする）.

図 2.11

⑥　プログラムグループの指定

　［次へ］を選択する.

図 2.12

⑦　追加タスクの選択

　［デスクトップ上へアイコンを追加する］を
選択して，［次へ］を選択する（初心者の方は
デフォルト設定をお勧めする）.

図 2.13

Rのインストールが開始される.

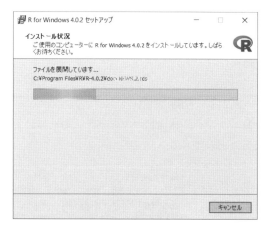

図 2.14

［完了］をクリックすると，インストールが
完了する.

図 2.15

2.1.4 Rの起動

デスクトップにRのショートカットアイコンが作成されるので，ダブルクリックをすると，Rが
起動する.

図 2.16

2.2　Rの使い方

2.2.1　初期画面

　R コンソール画面にコマンドを入力していくことで，四則演算や統計解析，グラフの作成などを行うことができる．

図 2.17

2.2.2　データの入力例

　R では，数値型や文字型などさまざまな型のデータを入力することができる．このとき，同じ型のデータをまとめて並べたものをベクトルという．ベクトルを作成する関数はc( ) であり，データを入力するにはこの関数を使用する．以下のデータを入力してみる．

8	32	11	27	5

```
> x <- c(8,32,11,27,5)
```

```
# [8,32,11,27,5] と入力し，このデータを x と名付ける
```

図 2.18

2.2.3　合計と平均の計算例

① 合計を求める

```
> sum(x)
```

図 2.19

コマンド入力後，「Enter」キーをクリックすると解が得られる．

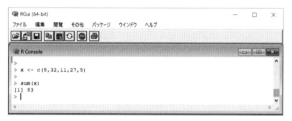

図 2.20

② 平均を求める

```
> mean(x)
```

図 2.21

2.2.4　棒グラフの例

入力する 5 つのデータに，次のようなラベルをつけ，棒グラフを作成する．

A	B	C	D	E
8	32	11	27	5

```
> barplot(x, names.arg = c("A", "B", "C", "D", "E"), ylab= "人数")
```

棒に左から [A,B,C,D,E] とラベルをつけ，縦軸に [人数] とラベルをつけた棒グラフを作成する

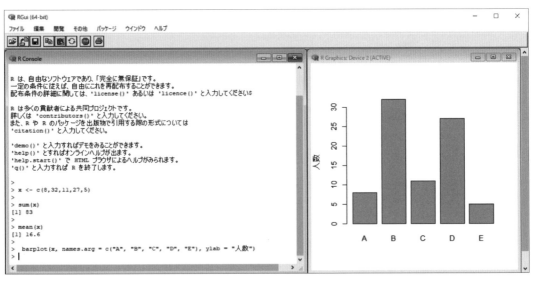

図 2.22

第 3 章　基本統計量

3.1　手法の概要

3.1.1　基本統計量とは

何かを調べようとして集めてきたデータを何の工夫もなくそのまま書き出しても，どのような特徴があるのかよくわからない．データの特徴を客観的にとらえるために基本統計量と呼ばれる指標がある.

記述統計では，特徴を知りたい集団全体がデータとなり，推測統計では，集団全体から一部をとり出したものがデータとなる．記述統計でも推測統計でも，データの特徴を調べる必要がある．「全般的に大きな値が多く含まれているデータだな」とか，「ばらつきが大きなデータだな」とか，本格的な分析を行う前に利用する.

3.1.2　平均値

データの特徴を把握することは重要である．いまデータとして，ある大学の統計学の授業で行ったテスト（100 点が満点）の点数を考える．表 3.1 には，28 人のテストの点数が示されている.

表 3.1　統計学のテストのデータ

13	60	81	75	65	64	48
58	49	60	87	65	78	45
61	60	59	44	24	9	14
30	96	40	45	53	70	21

この 28 人の点数を並べて眺めていても，全体的に点数がとれているのだろうか，点数にばらつきが見られるのだろうか，ということについてはよくわからない．そこで，データの一般的な特徴を基本統計量と呼ばれる指標で把握する．基本統計量は，データの中心を示す代表値とばらつきを示す散布度に大きく分類される.

この章では，主要な基本統計量を R によって求める．代表値は，平均値，中央値，最頻値である．散布度は，分散，標準偏差，変動係数，最大，最小，四分位数である.

平均値（単に，平均ともいう）は，代表値の中で最も利用されている指標である．一般的に平均値というときには算術平均を指す．データの個々の値を一つひとつすべて足し合わせてデータの大きさで割った値である.

たとえば，表 3.1 の平均値は下の式で 52.6（点）と求められる.

$$\overline{x} = \frac{13 + 60 + 81 + \cdots + 70 + 21}{28}$$

$$= \frac{1474}{28} = 52.6$$

3.1.3　中央値とは

中央値は，データの個々の値を大きさの順に並べたときにデータ全体の中央に位置する値のことで，メディアンともいう．

平均値で使った表 3.1 のデータを使って中央値を求めてみる．はじめに，データを昇順にする（値が小さいほうから大きいほうに並べる）．この昇順にしたデータを表 3.2 に示す．

表 3.2　統計学のテストのデータ（昇順）

9	13	14	21	24	30	40
44	45	45	48	49	53	58
59	60	60	60	61	64	65
65	70	75	78	81	87	96

データの大きさは 28 であるから，データの中央にある値は，小さい順から数えて 14 番目の 58 と大きい順から数えて 14 番目の 59 の中間になる．そのため，中央値は 58 と 59 の平均値の 58.5（点）になる．

なおデータの大きさが奇数個のときには，データの中央にある値は 1 つに決まるので，その値が中央値になる．たとえば，表 3.2 から最初の 9 をとり除いた場合，中央値は 59（点）となる．

表 3.3　統計学のテストのデータ（9 を除いた昇順）

13	14	21	24	30	40	44
45	45	48	49	53	58	59
60	60	60	61	64	65	65
70	75	78	81	87	96	

3.1.4　最頻値とは

最頻値は，データで最も多く現れる値で，モードともいう．表 3.1 を例に考えると，データの個々の値は，45（点）と 65（点）が 2 個，60 点の 3 個，それ以外の値は 1 個である．以上より，最頻値は 60（点）となる．

3.1.5　代表値のメリットとデメリット

データの代表値として平均値，中央値，最頻値を紹介したが，それぞれメリットとデメリットがある．平均値は，データのすべての値を合計してデータの大きさで割るという，簡単な計算で求めることができることとデータの情報をすべて使うということがメリットである．しかし，データの中に極端に大きい値や小さい値が入っているとき，"データのすべての値を合計" という作業がデメリットを引き起こす．その極端な値に平均値が影響を受けて，データの代表値にふさわしくなくなることがある．

たとえば，10 人が受験したテストの点数が下の表のように，1 人が 100 点で残りの 9 人は 10 点だったとする．このときの平均値は 19（点）である．このとき，データの個々の値で平均値を超えるのは 100（点）の 1 つだけである．このデータの場合，「データの中心（代表）の値は 19（点）です」といわれても違和感があるだろう．

表 3.4　データ（平均値のデメリット）

10	10	10	10	10	10	10	10	10	100

しかし，中央値や最頻値はどうだろうか．このデータの中央値は 10（点），最頻値も 10（点）になる．中央値や最頻値から「データの中心（代表）の値は 10（点）です」というほうが，平均値のときに感じた違和感はないと思う．

このように，データに極端な値（これを異常値とか外れ値という）が含まれている場合，データの代表値は平均値よりも中央値や最頻値のほうが適していることがある．

では，中央値や最頻値のデメリットはどうだろうか．10 人が受験したテストの点数が今度は下の表になったとしよう．

表 3.5 データ（中央値のデメリット）

10	10	10	10	50	50	50	50	50	50

このときの中央値は 50（点）であるが，「データの中心（代表）の値は 50（点）です」というのはどうだろうか．確かにデータの真ん中は 50 だが，50 は 5 個，10 は 4 個のデータで，このデータの平均値は 32.2 である．50 をデータの代表値として扱うことには少し違和感がある．中央値は，データの値を大きさの順番に並べ，ただ単純にデータの真ん中の値である．データの個々の値は考慮されていないことがデメリットとなる．

最頻値もデメリットがある．10 人のテストの結果が下の表になったときは，最頻値は，10（点），30（点），50（点），70（点），90（点）と 5 つになる．

表 3.6 データ（最頻値のデメリット）

10	10	30	30	50	50	70	70	90	90

このようなときにはデータの代表値として最頻値は適していない．データの大きさが十分ではなく同じ値が多く含まれていないときに最頻値のデメリットが発生する．

以上のように，平均値，中央値，最頻値にはメリットとデメリットがあるため，データの内容によってそれぞれの特徴を考えて使い分ける必要がある．

3.1.6 分散と標準偏差

分散は，データのばらつきを示す代表的な指標である．データの個々の値が平均値からどれくらい離れているかを表している．ここでも例として表 3.1 のデータを使って考える．

表 3.1 統計学のテストのデータ（再掲）

13	60	81	75	65	64	48
58	49	60	87	65	78	45
61	60	59	44	24	9	14
30	96	40	45	53	70	21

分散 s^2 は，データの平均値の 52.6 を使って下の式から 508.7 となる．

$$s^2 = \frac{(13 - 52.6)^2 + (60 - 52.6)^2 + (81 - 52.6)^2 + \cdots + (70 - 52.6)^2 + (21 - 52.6)^2}{28 - 1}$$

$$= \frac{13734.4}{27} = 508.7$$

　式の分子は，データの個々の値と平均値の差（これを**偏差**という）を 2 乗してすべて足し合わせた値である．データ全体のばらつきを表していると考えられる．

　式の分母は，データの大きさから 1 を引いている．したがって分散を求める式は，データ全体のばらつきをおおよそのデータの大きさで割っているので，分散はデータのばらつきの平均値，と考えてもよいだろう．

　なお，分母の 1 を引く理由は，データが標本のとき分散に不偏性（かたよりがないこと）という性質を持たせるためである．

　ところで，分散は偏差を 2 乗した値を使って求めているため，分散の単位は元々のデータの単位の次元と異なる．そのため分散を見てもデータのばらつきを直観的に理解することが難しい．そこで，分散に正の平方根をとった**標準偏差**が使われる．標準偏差は元々のデータの単位になるため，ばらつきのイメージがしやすくなる．

　表 3.1 の分散は 508.7 だったので，標準偏差は 22.6 となる．

3.1.7　変動係数

　変動係数は，標準偏差を平均で割った値である．そのため，平均に対してデータのばらつきがどの程度かがわかる指標，と解釈できる．表 3.1 の場合，平均値は 52.6（点），標準偏差は 22.6（点）であるから，変動係数（Coefficient of Variation なので C.V. と表されることも多い）は 0.43 となる．

$$C.V. = \frac{22.6}{52.6} = 0.43$$

　変動係数は，分散や標準偏差と同様にデータのばらつきを示す指標であるが，どのような特徴があるのだろうか．実は，分散や標準偏差はデータの個々の値が大きければ大きな値になる，というようにデータの単位に依存しているが，変動係数は標準偏差を平均で割ることで，データの個々の値が大きくても小さくてもデータのばらつきだけを見ることのできるデータの単位に依存しない値になっている．そのため，変動係数は単位の違う複数のデータ間のばらつきを比較するときに便利な指標である．

　この変動係数の特徴を，実際にデータを使って確認してみよう．比較するデータとして表 3.1 を単純に 100 倍した値を用意し，表 3.7 に示す．

表 3.7　**統計学のテストを 100 倍したデータ**

1300	6000	8100	7500	6500	6400	4800
5800	4900	6000	8700	6500	7800	4500
6100	6000	5900	4400	2400	900	1400
3000	9600	4000	4500	5300	7000	2100

　表 3.7 の場合，平均値は 5264.3，分散は 5086825，標準偏差は 2255.4 である．ここで平均値と標準偏差の単位は「点」である．分散の単位はあえて書けば「点²」である．変動係数は 0.43 となる．

$$C.V. = \frac{2255.4}{5264.3} = 0.43$$

　表 3.7 は表 3.1 の 100 倍の大きさの値であったが，分散は表 3.1 の分散の 10000 倍（つまり，100×100 倍）になっている．また，標準偏差は表 3.1 の標準偏差の 100 倍（つまり $\sqrt{100} \times \sqrt{100}$ 倍）になっている．しかし，変動係数はどちらも 0.43 で同じ値となる．

このように，単位が異なるデータのばらつきを比較するときは，分散や標準偏差の大きさで単純に判断することはできない．

3.1.8 最小値・最大値と四分位数

データを昇順にして，最も小さい値を**最小値**，最も大きい値を**最大値**という．

そして，データ全体の小さいほうから 25%の値を**第 1 四分位数**，50%の値を**第 2 四分位数**，75%の値を**第 3 四分位数**といい，これらを総称して**四分位数**と呼ぶ．また，第 1 四分位数は 25%点（25パーセンタイル），第 2 四分位数は 50%点（50 パーセンタイル），第 3 四分位数は 75%点（75 パーセンタイル）ともいう．データ全体は 100%なので，最小値は 0%点，最大値は 100%点となる．

また，最大値から最小値を引いた値を**範囲（レンジ）**，第 3 四分位数から第 1 四分位数を引いた値を**四分位範囲**という．

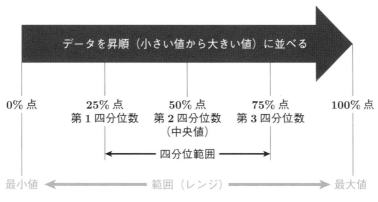

図 3.1 データの範囲と四分位数

四分位数の求め方はいくつかの種類があるが，ここでは R のデフォルト（特別な設定をしない初期の状態，具体的には関数に引数を入れない設定）の計算方法を紹介する．

まず，四分位数に当たるデータの位置を決める．データの大きさが n のとき，第 1 四分位数の位置（m_1）は $m_1 = \frac{n+3}{4}$，第 2 四分位数の位置（m_2）は $m_2 = \frac{n+1}{2}$，第 3 四分位数の位置（m_3）は $m_3 = \frac{3n+1}{4}$ とする．

それぞれの位置は値として計算されるが，その値を整数部分と小数部分に分ける．整数部分の値は昇順データの小さいほうから数えた順番になる．その順番に対応する値を，たとえば第 1 四分位数の場合は $x_{A,1}$ とする．また，小数部分は B とする．

このとき，第 i 四分位数 Q_i は次の式で求めることができる．

$$Q_i = 1 - B \times x_{A,i} + B \times x_{A+1,i}$$

実際に下の表 3.8 を使って四分位数を求めてみる．

表 3.8 データ

9	13	14	21	24	30	40	44	45	45	48

データの大きさは 11 なので $n = 11$ である．m_1，m_2，m_3 は次のように計算される．

$$m_1 = \frac{11 + 3}{4} = 3.5$$

$$m_2 = \frac{11 + 1}{2} = 6$$

$$m_3 = \frac{3 \times 11 + 1}{4} = 8.5$$

　これらの四分位数の位置を使って各四分位数を求める．たとえば，第 1 四分位数の位置 m_1 は 3.5 なので，整数部分は 3，小数部分は 0.5 になる．そのため $x_{A,1}$ は，昇順データの小さいほうから 3 番目に対応する値の 14，$x_{A+1,1}$ は 4 番目の 21 になる．そして，B は 0.5 になる．これらの値を式に代入して第 1 四分位数を求める．第 2 四分位数，第 3 四分位数も同様に求める．

$$\text{第 1 四分位数}\quad Q_1 = (1 - 0.5) \times 14 + 0.5 \times 21 = 17.5$$

$$\text{第 2 四分位数}\quad Q_2 = (1 - 0) \times 30 + 0 \times 40 = 30$$

$$\text{第 3 四分位数}\quad Q_3 = (1 - 0.5) \times 44 + 0.5 \times 45 = 44.5$$

　このような計算で，第 1 四分位数は 17.5，第 2 四分位数は 30，第 3 四分位数は 44.5 になることがわかる．なお，第 3 四分位数から第 1 四分位数を引いた四分位範囲は，$44.5 - 17.5 = 27.0$ となる．

　ところで，高校の「数学 I」で学習する四分位数は，データの第 2 四分位数（中央値）を境に小さい値のグループと大きい値のグループに分けて，小さい値のグループの中央値を第 1 四分位数，大きい値のグループの中央値を第 3 四分位数としている．これは，ヒンジ（hinge）ともいわれている．

　例に使ったデータの場合，データの大きさは 11 であるから，第 2 四分位数（中央値）は小さいほうからも大きいほうからも 6 番目の 30 になる．この 30 よりも小さい値，9 から 24 が小さい値のグループ，40 から 48 までが大きい値のグループになる．どちらのグループも小さいほうからも大きいほうからも 3 番目の値が中央値になる．したがって，第 1 四分位数は 14，第 3 四分位数は 45 となる．

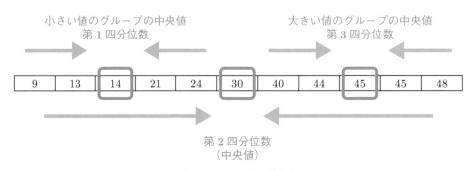

図 3.2　ヒンジの考え方

3.2 例題

ある大学の統計学の授業で行ったテスト（100点が満点）の点数を28人分示す.

表 3.1　統計学のテストのデータ（再掲）

13	60	81	75	65	64	48
58	49	60	87	65	78	45
61	60	59	44	24	9	14
30	96	40	45	53	70	21

(1)　平均値を求めよ.

(2)　中央値を求めよ.

(3)　最頻値を求めよ.

(4)　分散と標準偏差を求めよ.

(5)　変動係数を求めよ.

表3.8のデータを一部抜粋したデータを以下に示す.

表 3.8　データ（再掲）

9	13	14	21	24	30	40	44	45	45	48

四分位数を求めよ.

3.3 結果と見方

3.3.1 例題 3.1 の結果と見方

(1) 平均値

```
[1] 52.64286
```

平均値は 52.6（点）となる.

(2) 中央値

```
[1] 58.5
```

中央値は 58.5（点）となる.

(3) 最頻値

```
9 13 14 21 24 30 40 44 45 48 49 53 58 59 60 61 64 65 70 75 78 81 87 96
1  1  1  1  1  1  1  1  2  1  1  1  1  1  3  1  1  2  1  1  1  1  1  1
```

60 点が 3 人と最も多く，最頻値は 60（点）となる.

(4) 分散と標準偏差

```
[1] 508.6825
```

```
[1] 22.55399
```

分散は 508.7（点^2），標準偏差は 22.6（点）となる.

(5) 変動係数

```
[1] 0.428434
```

変動係数は 0.43 になる.

3.3.2 例題 3.2 の結果と見方

四分位数

```
  0%  25%  50%  75% 100%
 9.0 17.5 30.0 44.5 48.0
```

第 1 四分位数は 17.5（点），第 2 四分位数は 30（点），第 3 四分位数は 44.5（点）になる.

3.4　Rによる結果の出し方

3.4.1　例題 3.1 の R による操作手順

はじめに R にデータを読み込む．表 3.1 の 28 個の値を R コンソールに直接入力する．このとき，入力する値が多く横に長くなってわかりにくくなる場合は，適時改行するとよい．左端に ＋ が表示されている場合は，入力が続いているという意味になる．

```
> data3_1 <- c(13,60,81,75,65,64,48,58,49,60,87,65,78,45,61,60,59,44,24,9,
+ 14,30,96,40,45,53,70,21)
```

```
# 28 個のデータを入力し，「data3_1」と名付ける
```

(1)　平均値

```
> total <- sum(data3_1)
> size <- NROW(data3_1)
> total/size
```

```
# data3_1 の合計を求め，「total」と名付ける
# data3_1 のデータ数を求め，「size」と名付ける
# total÷size で平均値を求める
```

データの総和は sum 関数，ベクトルデータの大きさは NROW 関数で得られるので，平均値の 52.6 はこれらを使って求めることができる．データの総和やデータの大きさを個別に求めずに，直接 sum(data)/NROW(data) で平均値を求めることもできる．

```
> sum(data3_1)/NROW(data3_1)
```

また，R にはあらかじめ統計分析用の関数が用意されている．平均値を mean 関数で求めることもできる．

```
> mean(data3_1)
```

```
# data3_1 の平均値を求める
```

(2)　中央値

```
> median(data3_1)
```

```
# data3_1 の中央値を求める
```

(3)　最頻値

```
> data3_2 <- sort(data3_1)
> table(data3_2)
```

```
# data3_1 を昇順に並べ替えて「data3_2」と名付ける
# data3_2 の各データの個数を求める
```

　まず，sort 関数を使って data3_1 を昇順にして，data3_2 として格納しておく．R にはあらかじめ **mean 関数**や **median 関数**のように主要な統計分析用の関数が用意されているが，最頻値を求める関数は入っていない．そこで，最頻値を求めるときによく使われるのが **table 関数**である．table 関数は，データの個々の値の頻度を一覧で表示することができる．データを構成する値の下に，その値が入っている個数が表示される．

　ところで，もしこのデータに 45（点）も 3 個入っていた場合，最頻値はどうなるだろうか．そのときの最頻値は 45（点）と 60（点）の 2 つになる．このような最頻値が 2 つあるデータは二峰性のデータといい，性質の違う 2 種類のデータが混在している可能性が疑われる．

(4)　分散と標準偏差

```
> var(data3_1)
> sd(data3_1)
```

```
# data3_1 の分散を求める
# data3_1 の標準偏差を求める
```

分散は **var 関数**，標準偏差は **sd 関数**で求めることができる．

(5)　変動係数

　変動係数を R で求めるときには，公式どおり標準偏差を平均で割る．

```
> sd(data3_1)/mean(data3_1)
> sd(data3_1)
```

```
# data3_1 の標準偏差÷平均値を求める
```

3.4.2 例題 3.2 の R による操作手順

四分位数

```
> data3_3 <- c(9,13,14,21,24,30,40,44,45,45,48)
> quantile(data3_3)
```

```
# 11 個のデータを入力し,「data3_3」と名付ける
# data3_3 の四分位数を求める
```

11 個の数値を data3_3 として R に格納して **quantile** 関数で四分位数を求める.このように quantile 関数は,0%点と 100%点,つまり最小値と最大値も出力する.また,**summary** 関数でも四分位数を求めることができる.summary 関数は,四分位数のほかにも最小値,最大値,そして平均値を出力する.

```
> summary(data3_3)
```

練習問題

3.1　次の表は東京都 23 区別の小中高等学校数のデータである.

表 3.9　東京都 23 区の小中高等学校数

	小学校数	中学校数	高等学校数
千代田区	11	14	18
中央区	16	5	2
港区	20	22	18
新宿区	30	17	11
文京区	24	27	26
台東区	19	9	8
墨田区	25	13	7
江東区	45	25	11
品川区	38	21	12
目黒区	24	15	11
大田区	61	30	14
世田谷区	72	52	38
渋谷区	21	13	10
中野区	27	17	12
杉並区	43	32	19
豊島区	24	17	16
北区	39	22	15
荒川区	24	12	4
板橋区	53	29	13
練馬区	67	40	14
足立区	69	39	11
葛飾区	49	27	8
江戸川区	73	34	10

出典：総務省統計局刊行「統計でみる市区町村のすがた 2017」

(1)　小中高等学校数のそれぞれの平均, 中央値, 最頻値を求めよ.

(2)　小中高等学校数のそれぞれの分散, 標準偏差, 変動係数, 四分位数を求めよ.

(3)　小中高等学校数についてどのような特徴があるか (1) と (2) の結果を使って考えよ.

第4章 計量データのグラフ化
（ヒストグラム，箱ひげ図，幹葉図）

4.1 手法の概要

4.1.1 ヒストグラムとは

データは基本的には数値で表されている．その数値をただ眺めているだけでは，データの持つ特徴を把握することはできない．そこでデータを視覚的に表現し直観的にも特徴を把握するために図を使う．

ヒストグラムは，データの分布（データのばらつきの様子）を見るために有効な図である．あらかじめデータをいくつかの階級（データのとりうる範囲）に分けて，横軸に階級，縦軸は階級に含まれるデータの大きさとして，データを棒状に示したものである．

第3章で使った例題3.1（統計学のテストの点数）のデータで作成したヒストグラムを以下に示す．

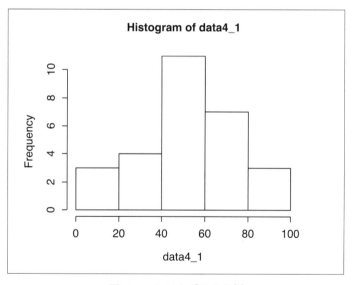

図 4.1 ヒストグラムの例

4.1.2　幹葉図とは

　幹葉図（みきはず）は，データそのものを使ってヒストグラムのように表すことでデータの分布の状態を確認するための図である．

　例題 3.1（統計学のテストの点数）のデータを使って作成した幹葉図を以下に示す．

```
0 | 9
1 | 34
2 | 14
3 | 0
4 | 045589
5 | 389
6 | 0001455
7 | 058
8 | 17
9 | 6
```

　まずデータを見て「幹」に相当する値を決める．このデータは，100 点満点のテストの点数なので十の位を「幹」にする．そのため「幹」に当たる値は 0～10 になり，これを左側に昇順（小さい値から大きい値に並べる）に縦に書く．次に，データの一の位の値を十の位と同じ「幹」の右側に書く．この一の位の値が「葉」になる．

4.1.3　箱ひげ図とは

　箱ひげ図は，データの個々の値がどこに集中しているのか，ばらつきがあるデータなのかということを長方形（箱）とそこから伸びる線（ひげ）で確認できる図である．具体的には，データの四分位値を使って作図する．

　例題 3.1（統計学のテストの点数）のデータ作成した幹葉図を以下に示す．

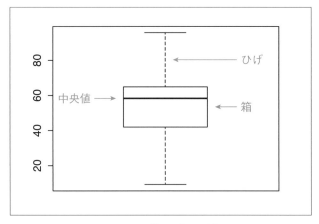

図 4.2　箱ひげ図の例

4.2　例題

例題 4.1

ある大学の統計学の授業で行ったテスト（100点が満点）の点数を28人分示す.

表 4.1　統計学のテストのデータ（表 3.1 の再掲）

13	60	81	75	65	64	48
58	49	60	87	65	78	45
61	60	59	44	24	9	14
30	96	40	45	53	70	21

(1)　ヒストグラムを作成せよ.

(2)　幹葉図を作成せよ.

(3)　箱ひげ図を作成せよ.

4.3　結果と見方

4.3.1　例題 4.1 の結果と見方

(1)　ヒストグラム

基本的なヒストグラム　R でヒストグラムを作成すると, 次のようなグラフが得られる.

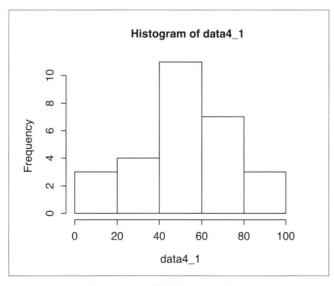

図 4.3　最も単純なヒストグラム

　ヒストグラムを見ると, 40～60点の人が多いことがわかる. なお, 中心位置の棒が最も高く, 左右対称に棒が低くなっているような形をしているとき, データは正規分布にしたがっているという.

階級幅の設定を変更したヒストグラム 階級幅の設定，度数の表示，色をつけたカラーのヒストグラムを作ることもできる．

　階級幅の設定は，あるアルゴリズムにしたがって階級幅を自動的に設定することも，自分で自由に設定することもできる．自動的に設定するアルゴリズムは，Sturges，Scott，FD，Freedman-Diaconisがある．デフォルトの状態ではSturgesが選択されている．Sturgesは，Sturges（スタージェス）の公式 $k \approx 1 + \log_2 n$（kは階級数，nはデータの大きさ）にもとづいて階級幅を決定している．

　階級幅を0から100までの範囲で10刻みにした場合のヒストグラムを以下に示す．

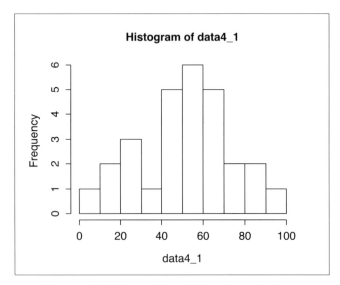

図 4.4　**階級幅を 10 刻みに設定したヒストグラム**

　ヒストグラムを見ると，ふた山型のように見える．また，40〜70点の人が多いことがわかる．
　さらに，階級幅を25刻みにした場合（0-25，25-50，50-75，75-100の階級を設定）のヒストグラムを以下に示す．

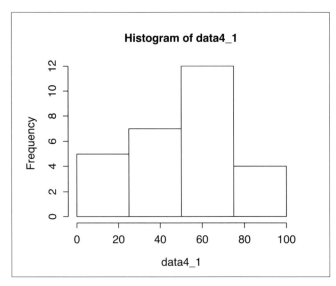

図 4.5　**階級幅を 25 刻みに設定したヒストグラム**

(2) 幹葉図

基本的な方法で作成すると，以下のような幹葉図が作成される．

```
0 | 9
1 | 34
2 | 14
3 | 0
4 | 045589
5 | 389
6 | 0001455
7 | 058
8 | 17
9 | 6
```

幹葉図を見ると，60点代が最も多く7名いることがわかる．また，最頻値は60点で3名いることがわかる．

データのとりうる範囲が大きかったり，値の桁数が多かったりすると幹葉図は使いにくいかもしれないが，本格的な分析をする前にデータがどのように分布しているのかを確認したり，外れ値がないかを確認したりするときに便利である．

(3) 箱ひげ図

基本的な箱ひげ図　基本的な方法で作成すると，以下のような箱ひげ図が作成される．

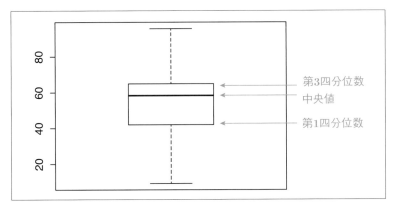

図 4.10　基本的な箱ひげ図

長方形の中央付近の太線はデータの中央値を示している．長方形の箱の最上端は第3四分位値，長方形の最下端は第1四分位値を示している．また，長方形から伸びているひげは，デフォルトでは長方形の縦の長さ（つまり，四分位範囲）の1.5倍以内の最大値もしくは最小値まで伸びている．

表4.1のデータでは，第1四分位数は43，第3四分位数は65となり，長方形から伸びているひげは下側が9，上側は96まで伸びている．

外れ値がある場合の箱ひげ図　例題 4.1 のデータに 120 という値を追加したデータを使って箱ひげ図を作図すると，以下のようになる．

表 4.2　外れ値（**120**）を追加した統計学のテストのデータ

13	60	81	75	65	64	48	
58	49	60	87	65	78	45	
61	60	59	44	24	9	14	
30	96	40	45	53	70	21	120

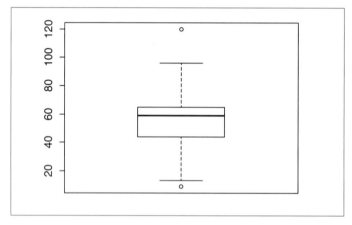

図 4.11　外れ値が表示された箱ひげ図

　長方形とひげ以外に○が示されている．○はデータの中でひげの上限よりも大きい値もしくは下限よりも小さい値があるときに表示される．つまり，○はデータに外れ値があることを表している．

表示を変更した箱ひげ図　図のタイトルや軸のタイトルを表示させたり，横にした箱ひげ図を作図することができる．

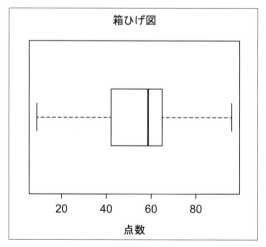

図 4.12　図と横軸のタイトルを表示し横にした箱ひげ図

4.4 Rによる結果の出し方

4.4.1 例題4.1のRによる操作手順

はじめにRにデータを読み込む．表4.1の28個の値をRコンソールに直接入力する．このとき，入力する値が多く横に長くなってわかりにくくなる場合は，適時改行するとよい．左端に＋が表示されている場合は，入力が続いているという意味になる．

```
> data4_1 <- c(13,60,81,75,65,64,48,58,49,60,87,65,78,45,61,60,59,44,24,9,
+ 14,30,96,40,45,53,70,21)
```

28個のデータを入力し，「data4_1」と名付ける

(1) ヒストグラム

基本的なヒストグラム　ヒストグラムは **hist** 関数を使って作図することができる．

```
> hist(data4_1)
```

data4_1のヒストグラムを作成する

階級幅の設定を変更したヒストグラム　hist 関数に引数をつけると，階級幅の設定，度数の表示，色をつけたカラーの棒グラフを作ることができる．どのような引数が使えるかはRコンソールにhelp(hist) を入力すると確認できる（英語で書かれている）．階級幅の設定は，**breaks 引数**を使う．

```
> hist(data4_1,breaks=seq(0,100,10))
```

階級幅を0〜100で10刻みとし，data4_1のヒストグラムを作成する

```
> hist(data4_1,breaks=c(0,25,50,75,100))
```

階級幅を0-25，25-50，50-75，75-100とし，data4_1のヒストグラムを作成する

ラベルの表示を調整したヒストグラム

```
> hist(data4_1,breaks=c(0,25,50,75,100),label=T
+ main="ヒストグラム",xlab="点数",ylab=NULL)
```

階級幅を0-25，25-50，50-75，75-100とし，ラベル付でdata4_1のヒストグラムを作成する
　図のタイトルは''ヒストグラム''，横軸ラベルは''点数''，縦軸ラベルは''なし''とする

　度数の表示は引数として labels=T を入れるだけである．これにより各階級の縦棒の上にその階級の度数が表示される．また，引数として main="ヒストグラム"，xlab="点数" を入れると，現在図の上部に表示されている "Histogram of data41" が "ヒストグラム" に替わり，横軸の下部に表示されている "data41" は "点数" に替わる．また，引数として ylab=NULL を入れると，縦軸の左側に表示されている "Frequency" は表示されなくなる．

階級幅が一定でないヒストグラム

```
> hist(data4_1,breaks=c(0,31,50,100))
```

```
# 階級幅を 0-30, 30-50, 50-100 とし, data4_1 のヒストグラムを作成する
```

　breaks=c(0,30,50,100) と指定すると，階級幅が 0-30, 30-50, 50-100 と一定間隔ではないヒストグラムを作成することができる．この場合は，確率密度のヒストグラムが作成される．

確率密度のヒストグラム　階級幅が一定のときも "freq=F" と引数を入れると確率密度のヒストグラムを書くことができる．

```
> hist(data4_1,breaks=c(0,25,50,75,100),freq=F)
```

```
# 階級幅を 0-25, 25-50, 50-75, 75-100 とし, data4_1 の確率密度のヒストグラムを作成する
```

棒の位置に合わせて横軸ラベルを表示させたヒストグラム　**axis 関数**を使って軸を書き直すことができる．

```
> hist(data4_1,breaks=c(0,25,50,75,100),label=T
+ main="ヒストグラム",xlab="点数",ylab=NULL,
+ axes=F)
> axis(side=1,at=c(0,25,50,75,100))
> axis(side=2,at=seq(0,12,2))
```

```
# 階級幅を 0-25, 25-50, 50-75, 75-100 とし, ラベル付で data4_1 のヒストグラムを作成する
  タイトルを [ヒストグラム], 横軸ラベルは [点数], 縦軸ラベルはなしと設定する,
  横軸と縦軸を非表示にする
# 図の下に 0-25, 25-50, 50-75, 75-100 とした軸を表示する
# 図の左に 0〜12 の範囲で目盛の刻みを 2 とした軸を表示する
```

　はじめに引数として axes=F を入れて横軸と縦軸を非表示にしてヒストグラムを作る．その後，axis 関数で横軸と縦軸，およびラベルを表示させる．ヒストグラム上に軸とラベルを重ねて表示する．

　ラベルの表示では，at=c(0,25,50,75,100) として数値を指定する方法や at=seq(0,12,2) として区間と階級幅を指定する方法がある．

(2) 幹葉図

幹葉図は **stem** 関数を使って作図することができる.

```
> stem(data4_1)
```

data4_1 の幹葉図を作成する

(3) 箱ひげ図

基本的な箱ひげ図　箱ひげ図は **boxplot** 関数を使って作図することができる.

```
> boxplot(data4_1)
```

data4_1 の箱ひげ図を作成する

外れ値がある場合の箱ひげ図

```
> data4_2 <- c(13,60,81,75,65,64,48,58,49,60,87,65,78,45,61,60,59,44,24,9,
+ 14,30,96,40,45,53,70,21,120)
> boxplot(data4_2)
```

29 個のデータを入力し,「data4_2」と名付ける
data4_2 の箱ひげ図を作成する

表示を変更した箱ひげ図

```
> boxplot(data4_1,main="箱ひげ図",xlab="点数",horizontal=T)
```

タイトルを [箱ひげ図], 横軸名を [点数] と設定し, data4_1 の横向き箱ひげ図を作成する

　図のタイトルは main, 横軸のタイトルは xlab という引数で設定する. 横にした箱ひげ図は horizontal=T を引数に入力する.

練習問題

4.1　ある町工場の従業員 20 名の年齢のデータを表 4.3 に示す.

表 4.3　従業員 20 名の年齢データ

58	31	41	51	30	39	46	26	40	59
56	39	26	34	32	60	32	34	44	55

(1)　ヒストグラムと幹葉図を作成せよ.

(2)　階級の区切りを 10 歳刻みとするヒストグラムを作成せよ.

4.2　第 3 章練習問題の表 3.9（東京 23 区の小中高等学校数）を再掲する.

表 4.4　東京都 23 区の小中高等学校数（表 3.9 の再掲）

	小学校数	中学校数	高等学校数
千代田区	11	14	18
中央区	16	5	2
港区	20	22	18
新宿区	30	17	11
文京区	24	27	26
台東区	19	9	8
墨田区	25	13	7
江東区	45	25	11
品川区	38	21	12
目黒区	24	15	11
大田区	61	30	14
世田谷区	72	52	38
渋谷区	21	13	10
中野区	27	17	12
杉並区	43	32	19
豊島区	24	17	16
北区	39	22	15
荒川区	24	12	4
板橋区	53	29	13
練馬区	67	40	14
足立区	69	39	11
葛飾区	49	27	8
江戸川区	73	34	10

出典：総務省統計局刊行「統計でみる市区町村のすがた 2017」

　　小中高等学校それぞれの箱ひげ図を作図せよ. また，東京都 23 区の小中高等学校の分布の特徴を考えよ.

第5章 計数データのグラフ化
（棒グラフ，円グラフ）

5.1 手法の概要

5.1.1 円グラフとは

質問への「はい」と「いいえ」の回答割合を比較したり，各国の食料自給率を比較したり，データの項目ごとの割合や複数のデータの大きさを比較するときに使う代表的な図に円グラフや棒グラフがある．

円グラフは，データの各項目の全体に対する割合を扇形の面積で表した図である．たとえば，100人に「スマートフォンを持っていますか？」というアンケート調査を行い，スマートフォンを「持っている」と答えたのは80人，「持っていない」と答えたのは20人という結果が得られたとする．

このデータを円グラフにすると右のようになる．

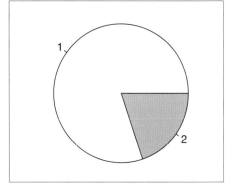

図 5.1 円グラフの例

5.1.2 棒グラフとは

棒グラフは，棒の長さで数量の大きさを表す．複数の項目の大小関係の比較も直観的に理解できるためよく使われるグラフの1つである．

先のアンケート調査の結果を棒グラフにすると以下のようになる．

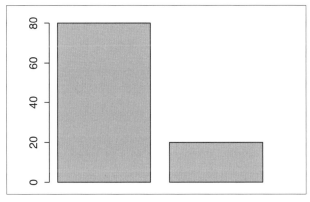

図 5.2 棒グラフの例

5.2　例題

例題 5.1

100 人に「スマートフォンを持っていますか？」というアンケート調査した結果を表5.1 に示す．

表 5.1　スマートフォンについてアンケート調査

	持っている	持っていない
スマートフォンを持っていますか？	80 人	20 人

(1)　円グラフを作成せよ．

(2)　棒グラフを作成せよ．

例題 5.2

スマートフォン・パソコンの 1 週間あたりの使用時間別の推定人口を調査した結果を表5.2 に示す（総務省統計局「平成 28 年社会生活基本調査」より）．

表 5.2　スマートフォン・パソコンの 1 週間あたりの使用時間別の推定人口（単位：**1,000 人**）

使用時間	人口
使用していない	45,182
1 時間未満	21,848
1-3 時間	26,077
3-6 時間	12,603
6-12 時間	4,775
12 時間以上	1,532

(1)　円グラフを作成せよ．

(2)　棒グラフを作成せよ．

例題 5.3

スマートフォン・パソコンの 1 週間あたりの使用時間別の男女別の推定人口を調査した結果を表 5.3 に示す（総務省統計局「平成 28 年社会生活基本調査」より）．

表 5.3　スマートフォン・パソコンの 1 週間あたりの使用時間別の推定人口（単位：**1,000 人**）

使用時間	男性	女性
使用していない	21,014	24,169
1 時間未満	10,144	11,704
1-3 時間	13,333	12,743
3-6 時間	6,732	5,871
6-12 時間	2,509	2,266
12 時間以上	801	731

棒グラフを作成せよ．

5.3 結果と見方

5.3.1 例題 5.1 の結果と見方

(1) 円グラフ

基本的な円グラフ　標準的な方法で作成すると，以下のような円グラフが作成される．

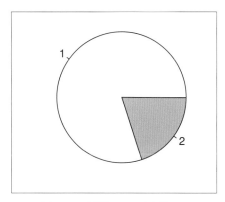

図 5.3　例題 5.1 の円グラフ

1 が「持っている」，2 が「持っていない」を表している．円グラフを見ると，持っている人が半数以上占めていることがわかる．

(2) 棒グラフ

基本的な棒グラフ　標準的な方法で作成すると，以下のような棒グラフが作成される．

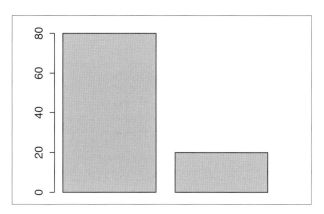

図 5.4　例題 5.1 の棒グラフ

左の棒が「持っている」，右の棒が「持っていない」を表している．棒グラフを見ると，持っている人が多数を占めていることがわかる．

横棒グラフ　横棒グラフに変更することもできる．

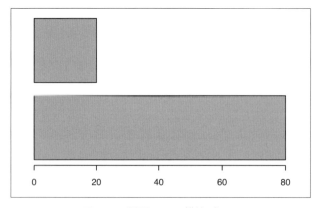

図 5.5　例題 **5.1** の横棒グラフ

5.3.2　**例題 5.2 の結果と見方**

(1)　円グラフ

基本的な円グラフ　ここでは，表 5.2 の数値がデータとして CSV 形式のファイル（data5_2.csv）に保存されているため，データファイルを読み込んで円グラフを作成する．

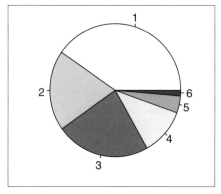

図 5.6　例題 **5.2** の円グラフ

　1 が「使用していない」，2 が「1 時間未満」，3 が「1-3 時間」，4 が「3-6 時間」，5 が「6-12 時間」，6 が「12 時間以上」を表している．円グラフを見ると，使用していない人が最も多いことがわかる．

円グラフの編集　図 5.4 の円グラフは 6 つに区分されていることはわかるが，それ以上は何を表しているのかわからない．そこで，以下の編集を行いわかりやすい円グラフを作成する．

①　**項目を時計回りに配置する**　デフォルトではデータの項目が，時計の 3 時の位置から反時計回りに配置されているが，それを普段見慣れている 12 時の位置から時計回りに配置する．

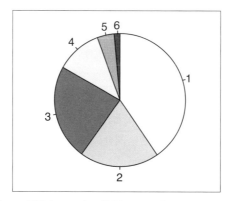

図 5.7 データ項目を 12 時の位置から時計回りに配置した円グラフ

② **項目ラベルを表示する** 表示するラベルを各項目の使用時間に変更する．表示するラベルはデータの 1 列名（使用時間）である．

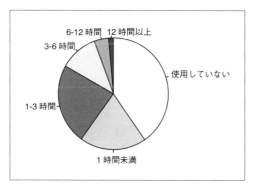

図 5.8 ラベル表示を調整した円グラフ

③ **人口比を表示する** 表示した項目ラベルの下に人口比を表示させる．人口比はデータに含まれていないため，新たに作成する．

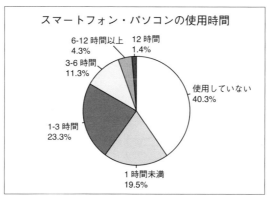

図 5.9 タイトルと人口比を表示した円グラフ

円グラフに項目ラベルと人口比が表示されたことで解釈がしやすくなった．スマートフォン・パソコンの使用時間は，使用していない人が 40.3％で最も多く，次いで 1-3 時間の人が 23.3％と多いことがわかる．

　ところで，R のヘルプには，"Pie charts are a very bad way of displaying information." と書かれている．円グラフでは，項目間の数値の差を正確に把握することは困難である．たとえば，今回の作成した円グラフでは，「1 時間未満」の扇型の面積と「1-3 時間」の扇型の面積を比べたとき，1-3 時間の面積のほうが大きいということはわかる．しかし，人口比が表示されていなければ，どちらの面積がどれくらい大きいかは正確に判断できない．

　ただ，「使用していない」の扇型の面積はほかと比べてとても大きいということは瞬時に判断できる．このように，極端に大きいもしくは小さい割合の項目を強調したいときには円グラフは有効な表し方なのかもしれない．

(2)　棒グラフ

基本的な棒グラフ　基本的な方法で作成すると，以下のような棒グラフが作成される．

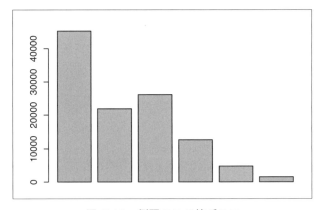

図 5.10　例題 5.2 の棒グラフ

　棒は左から「使用していない」，「1 時間未満」，「1-3 時間」，「3-6 時間」，「6-12 時間」，「12 時間以上」を表している．棒グラフを見ると，使用していない人が最も多いことがわかる．

棒グラフの編集　図 5.10 の棒グラフに編集を行い，わかりやすい棒グラフを作成する．

①　グラフタイトルと横軸と縦軸のラベルを表示する

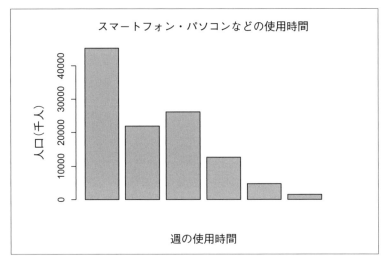

図 5.11　グラフタイトルと軸ラベルを表示した棒グラフ

② **項目ラベルを表示する**　棒グラフに項目を表示させるにはあらかじめ項目ラベルを定義しておく必要がある.

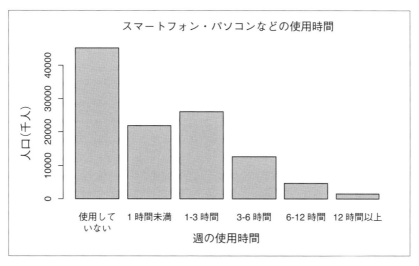

図 5.12　項目ラベルを表示した棒グラフ

③ **棒の中央に度数を表示する**　各項目の度数を棒の中央に表示させる. 最初に棒グラフを作成し, その上に度数を重ねるように作図する.

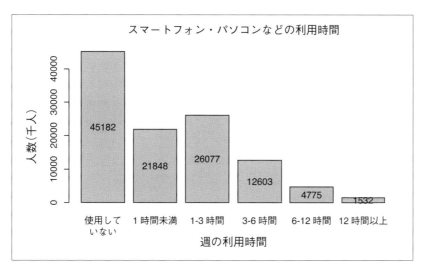

図 5.13　各項目の度数を表示した棒グラフ

　棒グラフに軸ラベルや項目ラベル, 度数が表示されたことで解釈がしやすくなった. スマートフォン・パソコンの週の利用時間は, 使用していないが 45,182 人で最も多く, 次いで 1-3 時間は 26,077 人と多い. また, 12 時間以上の利用者は 1,532 人と最も少ない.

5.3.3　例題 5.3 の結果と見方

(1)　棒グラフ

積み上げ棒グラフ　男女別のデータを積み上げ棒グラフで表示させると以下のようになる．

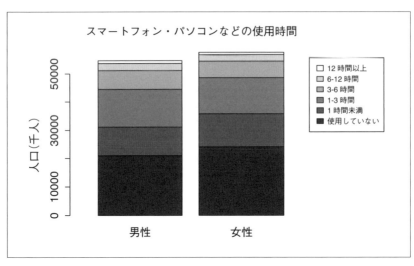

図 5.14　例題 5.3 の積み上げ棒グラフ

　男性も女性も使用していないが最も多く，次いで 1-3 時間が多いことがわかる．

男女別の棒グラフ　男女別の棒グラフで表示させると以下のようになる．

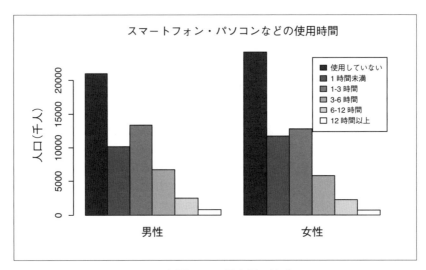

図 5.15　例題 5.3 の男女別の棒グラフ

男女ともにスマートフォン・パソコンなどの使用時間の傾向が同じであることがわかる．

5.4 Rによる結果の出し方

5.4.1 例題5.1のRによる操作手順

はじめにRにデータを読み込む. 表5.1の値をRコンソールに直接入力する.

```
> data5_1 <- c(80,20)
```

データを入力し,「data5_1」と名付ける

(1) 円グラフ

基本的な円グラフ　円グラフはpie関数を使って作図することができる.

```
> pie(data5_1)
```

data5_1の円グラフを作成する

(2) 棒グラフ

基本的な棒グラフ　棒グラフはbarplot関数を使って作図することができる.

```
> barplot(data5_1)
```

data5_1の棒グラフを作成する

横棒グラフ　horiz=Tという引数を使うと横棒グラフになる.

```
> barplot(data5_1,horiz=T)
```

data5_1の横棒グラフを作成する

5.4.2 例題5.2のRによる操作手順

はじめにRにデータを読み込む. 表5.2の数値がデータとしてCSV形式のファイル (data5_2.csv) に保存されている. ファイルデータをRに読み込む方法はいろいろあるが, 今回はread.csv関数を使用する. うまく読み込めたかを確認するために, 読み込んだデータを表示しておく.

```
> data5_2 <- read.csv("data5_2.csv",header=TRUE)
> data5_2
```

data5_2.csvファイルを読み込み,「data5_2」と名付ける
data5_2の内容を確認する

```
          使用時間  人口
1 使用していない 45182
2       1時間未満 21848
3         1-3時間 26077
4         3-6時間 12603
5        6-12時間  4775
6       12時間以上  1532
```

(1) 円グラフ

基本的な円グラフ　円グラフを作図するために使うデータの2列目（人口の列）を pie 関数で指定する.

```
> pie(data5_2$人口)
```

```
# data5_2 の人口の列で円グラフを作成する
```

円グラフの編集

① **項目を時計回りに配置する**　項目を時計回りに配置するには，clockwise=T という引数を使用する.

```
> pie(data5_2$人口,clockwise=T)
```

```
# data5_2 の人口の列で，項目を時計回りに配置した円グラフを作成する
```

② **項目ラベルを表示する**　表示するラベルはデータの1列名であり，これを「label」に格納する. そして，pie 関数の labels 引数で指定する.

```
> label <- data5_2$使用時間
> pie(data5_2$"人口",labels=label,clockwise=T)
```

```
# data5_2 の使用時間の列に「label」と名付ける
# label を項目ラベルとし，時計回りに配置した data5_2 の人口の列の円グラフを作成する
```

③ **人口比を表示する**　人口比はデータに含まれていないため，**round** 関数を使って新たに作成する.

```
> par <- round(data5_2$人口/sum(data5_2$人口)*100,digits=1)
> lab2 <- paste(label, "\n",par,"%",sep="")
> pie(data5_2$人口,labels=lab2,clockwise=T,
+ main="スマートフォン・パソコンの使用時間")
```

data5_2 のデータを「人口÷（人口の合計×100）」の計算で，小数点以下第 1 位まで表示する
パーセント（%）を求め，「par」と名付ける
label と par（%）を改行して 1 つの文字列とし，「lab2」と名付ける
lab2 を項目ラベルとし，時計回りに配置した data5_2 の人口の列の円グラフを作成する
グラフタイトルを［スマートフォン・パソコンの使用時間］とする

　人口比の計算は，round 関数を使って小数点以下 1 位まで表示するようにし，「par」に格納する．
そして，行を変える（改行）「¥n」を使って，項目ラベルの下に人口比を表示する新たなラベル
「lab2」を作成する．このラベルを pie 関数で指定する．また，グラフタイトルを main という引数
を使って表示させる．

（2）　棒グラフ
基本的な棒グラフ　　棒グラフは barplot 関数を使って作図することができる．

```
> barplot(data5_2[,2])
```

data5_2 の 2 列目のデータの棒グラフを作成する

　棒グラフの作図に使うデータは，円グラフのときと同じ読み込んだデータ data5_2 の 2 列目であ
る．barplot 関数で使用する 2 列目のデータを指定するが，円グラフのときにはデータのラベルを使
用した．今回も同じように barplot(data52$人口) と指定すればよいが，これ以外にも［行番号，列
番号］でも指定が可能である．2 列目のデータを指定するには［, 2］と入力する．

棒グラフの編集
①　グラフタイトルと横軸と縦軸のラベルを表示する　　横軸ラベルは xlab，縦軸ラベルは ylab と
いう引数で指定する．グラフタイトルは main という引数で指定する．

```
> barplot(data5_2[,2],xlab="週の使用時間",ylab="人口（千人）",
+ main="スマートフォン・パソコンなどの使用時間")
```

横軸ラベルを［週の使用時間］，縦軸ラベルを［人口（千人）］とし，data5_2 の 2 列目のデータ
の棒グラフを作成する．グラフタイトルを［スマートフォン・パソコンの使用時間］とする

②　項目ラベルを表示する　　棒グラフに項目を表示させるには names.arg という引数を使用するが，
あらかじめ項目ラベルを定義しておくことが必要である．

```
> lab3<- data5_2[,1]
> barplot(data5_2[,2],xlab="週の使用時間",ylab="人口（千人）",
+ main="スマートフォン・パソコンなどの使用時間",names.arg=lab3)
```

data5_2 の 1 列目のデータを「lab3」と名付ける
横軸ラベルを［週の使用時間］，縦軸ラベルを［人口（千人）］とし，data5_2 の 2 列目のデータ
の棒グラフを作成する．グラフタイトルを［スマートフォン・パソコンの使用時間］，lab3 を項
目として表示する

lab3 に項目ラベルとして data5_2 の 1 列目を定義しておく．この定義したラベルを names.arg 引数に指定する．なお，今回はデータにラベルが含まれていたため，その列を指定したが，データにラベルが含まれていないときは，

```
> labe3 <- c("使用していない","1 時間未満","1-3 時間","3-6 時間",
+ "6-12 時間","12 時間以上")
```

というように，表示したいラベルを直接指定すればよい．

③ **棒の中央に度数を表示する**　最初に barplot 関数で棒グラフを作成し，その上に **text** 関数を使って度数を重ねるように表示する．

```
> bp <- barplot(data5_2[,2],names.arg=label,xlab="週の利用時間",ylab="人数（千人）",
+ main="スマートフォン・パソコンなどの利用時間")
> for(i in 1:6) text(bp[i,1],data5_2[i,2]*0.5,data5_2[i,2])
```

```
# 横軸ラベルを [週の使用時間]，縦軸ラベルを [人口（千人）] とし，data5_2 の 2 列目のデータ
  の棒グラフを作成し，「bp」と名付ける．グラフタイトルを [スマートフォン・パソコンの使用
  時間] とする
# bp 上に data5_2 の 2 列目のデータを左から順に表示させる
```

ここでは，barplot 関数で作図した棒グラフを一度 bp に格納して，その棒グラフの上に重ねるように text 関数を使って人口を表示させている．text 関数の書式は，text(x 座標, y 座標, 表示する数値) となる．6 項目あるため，**for 構文**で左から順番に text 関数で人口を表示させる．

5.4.3　例題 5.3 の R による操作手順

表 5.3 のデータを data5_3 として R に読み込んで表示させる．なお，このデータは，data5_3.csv ファイルに保存してある．

```
> data5_3 <- read.csv("data5_3.csv",header=TRUE)
> data5_3
```

```
# data5_3.csv ファイルを読み込み，「data5_3」と名付ける
# data5_3 の内容を確認する
```

```
    使用時間  男性   女性
1 使用していない 21014 24169
2     1 時間未満 10144 11704
3      1-3 時間 13333 12743
4      3-6 時間  6732  5871
5     6-12 時間  2509  2266
6    12 時間以上   801   731
```

棒グラフ

棒グラフを作図するために必要なデータは，data5_3 の 2 列目と 3 列目である．しかし，barplot 関数にそのデータを指定しても以下のようなエラーが表示される．

```
> barplot(data5_3[,2:3])
 barplot.defailt(data5_3[, 2:3]) でエラー:
   'height' はベクトルが行列でなければなりません
```

　エラーに表示されているように，barplot 関数で作図できるデータは（データが複数ある場合）ベクトルか行列というデータ型になっている必要がある．data5_3 は，csv ファイルで読み込まれているためデータフレームというデータ型になっている．データ型は **class** 関数で確認することができる．

```
> class(data5_3)
[1] "data.frame"
```

　そこで，data5_3 のデータ型を行列に変換する．データ型を行列に変換するには **as.matrix** 関数を使用する．併せて，使用時間の列を行ラベルに指定しておく．

```
> data5_4 <- as.matrix(data5_3[,2:3])
> rownames(data5_4) <- c("使用していない","1 時間未満","1-3 時間","3-6 時間",
+ "6-12 時間","12 時間以上")
> data5_4
```

```
# data5_3 のを行列に変換し，「data5_4」と名付ける
# data5_4 の行ラベルを [使用していない], [1 時間未満], [1-3 時間], [3-6 時間],
    [6-12 時間], [12 時間以上] とする
# data5_4 の内容を確認する
```

```
                男性   女性
使用していない 21014 24169
1 時間未満      10144 11704
1-3 時間        13333 12743
3-6 時間         6732  5871
6-12 時間        2509  2266
12 時間以上       801   731
```

　データが行列の形式になっているのが確認できる．これで棒グラフを作図するデータの準備が整った．

積み上げ棒グラフ　barplot 関数を使って棒グラフを作成する．このとき，引数を使って ylab で縦軸のラベル，main でグラフタイトルを表示し，legend=T と指定して凡例も表示させる．

```
> barplot(data5_4,ylab="人口（千人）",
+ main="スマートフォン・パソコンなどの使用時間",legend=T)
```

```
# data5_4 の積み上げグラフを作成する，縦軸を [人口（千人）],
    グラフタイトルを [スマートフォン・パソコンなどの使用時間] として，凡例を表示する
```

　凡例がグラフに重なる場合には，xlim 引数で横軸の表示範囲を指定することができる．この例では，男性と女性が表示されているので，横軸は 2 まで表示されていると考える．そこで，xlim = c(0,3.5) として横軸を 3.5 まで表示できるように指定する．

```
> barplot(data5_4,ylab="人口（千人）",
+ main="スマートフォン・パソコンなどの使用時間",legend=T,xlim=c(0,3.5))
```

　そうすると，図の右側に余白ができた感じになり，棒と凡例は重ならなくなる．

男女別の棒グラフ　引数として beside=T と入力すると，男性と女性が分かれた棒グラフを作成することができる．

```
> barplot(data5_4,ylab="人口（千人）",
+ main="スマートフォン・パソコンなどの使用時間",legend=T,beside=T)
```

```
# data5_4 の男女別の棒グラフを作成する，縦軸を [人口（千人）]，
  グラフタイトルを [スマートフォン・パソコンなどの使用時間] として，凡例を表示する
```

練習問題

5.1　下の表は，総務省統計局刊行「世界の統計 2017」の「穀類の自給率」から一部を利用したデータである．

表 5.4　穀類の自給率データ（単位：％）

国名	自給率
日本	24.2
中国	100.3
アメリカ合衆国	126.4
イギリス	86.5
イタリア	68.2
オランダ	16.0
ドイツ	113.3
フランス	189.9
ロシア	132.0
オーストラリア	279.3

出典：総務省統計局刊行「世界の統計 2017」の「穀類の自給率」から一部利用

(1)　円グラフを作成せよ．

(2)　棒グラフを作成せよ．

5.2　下の表は 4 都道府県の年齢階層別の人口データである．

表 5.5　4 都道府県の年齢階層別の人口データ（単位：1,000 人）

都道府県	0-14 歳	15-64 歳	65 歳以上
北海道	608	3,191	1,558
東京都	1,518	8,734	3,006
大阪府	1,093	5,342	2,278
福岡県	676	3,058	1,305

出典：総務省統計局刊行「日本の統計 2017」の「都道府県，年齢 3 区分別人口」から一部利用

(1)　積み上げ棒グラフを作成し，都道府県の総人口を比較せよ．

(2)　都道府県別に年齢階層別人口の棒グラフを作成せよ．

第6章　分割表とグラフ化(モザイク図)

6.1　手法の概要

6.1.1　分割表とは

「新発売されたお菓子の好みは性別で違いがあるのか？」とか，「社会に対する満足度は年齢によって違いがあるか？」など2種類以上のカテゴリー間の関連性を見るときに使う代表的な表に分割表（クロス集計表）がある．また，分割表の項目の構成比と大きさの両方を一度に見ることができる図にモザイク図がある．

分割表は，2種類以上のカテゴリー間の関係を見るときに作る．アンケート調査の結果をまとめるときによく使い，**クロス集計表**ともいう．

ここでは例として，新発売されたお菓子の好みをアンケート調査したとしよう．調査の結果，そのお菓子を「好き」と答えたのは，男性が3人，女性が7人であった．反対に「嫌い」と答えたのは，男性が6人，女性が4人であった．この結果の分割表を以下に示す．

	好き	嫌い
男性	3	6
女性	7	4

6.1.2　モザイク図とは

モザイク図は，棒の長さと太さで，分割表の項目の構成比と大きさの両方を一度に見ることができるのがメリットである．分割表の項目ごとの積み上げ棒グラフのような図になる．積み上げ棒グラフと異なるのは，棒グラフの横幅は，その項目の度数に比例するため，一定ではないという点である．

先のアンケート調査の結果をモザイク図にすると以下のようになる．

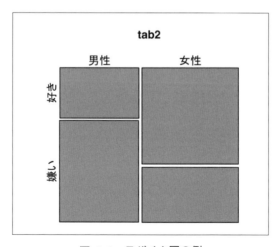

図 6.1　モザイク図の例

6.2 例題

新発売されたお菓子の好みをアンケート調査した結果を表6.1に示す.

表 6.1　お菓子の好みのアンケート調査の結果

No.	性別	好み
1	男性	嫌い
2	女性	好き
3	男性	好き
4	男性	嫌い
5	女性	好き
6	女性	嫌い
7	男性	嫌い
8	女性	好き
9	男性	嫌い
10	女性	好き
11	女性	好き
12	女性	嫌い
13	男性	好き
14	男性	嫌い
15	女性	好き
16	男性	好き
17	女性	嫌い
18	女性	嫌い
19	男性	嫌い
20	女性	好き

(1)　分割表を作成せよ.

(2)　モザイク図を作成せよ.

6.3　結果と見方

6.3.1　例題 6.1 の結果と見方

(1)　分割表

基本的な分割表

```
      好き 嫌い
男性    3    6
女性    7    4
```

周辺度数を表示した分割表　周辺度数（表側や表頭の変数の度数の合計）を表示させた分割表を以下に示す.

```
      好き 嫌い Sum
男性    3    6    9
女性    7    4   11
Sum   10   10   20
```

割合を表示した分割表　度数ではなく割合（相対度数）を表示した分割表を以下に示す. 割合を表示する際には,

全体%

```
      好き 嫌い
男性  0.15 0.30
女性  0.35 0.20
```

行%

```
        好き       嫌い
男性  0.3333333 0.6666667
女性  0.6363636 0.3636364
```

列%

```
      好き 嫌い
男性   0.3   0.6
女性   0.7   0.4
```

を指定することができる.

(2) モザイク図

基本的なモザイク図　基本的な方法で作成すると，以下のようなモザイク図が作成される．

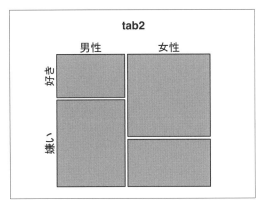

図 6.2　単純なモザイク図

この表 6.1 のモザイク図は，男性と女性の比率に大きな差がないために，見た目では棒の太さの違いがわからない．もし，表 6.2 の分割表だった場合は，モザイク図の棒の太さも，見た目で差があることがわかる．

表 6.2　データ例

	好き	嫌い
男性	2	4
女性	8	6

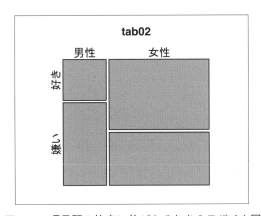

図 6.3　項目間の比率に差があるときのモザイク図

ラベルを表示したモザイク図　グラフタイトル，横軸や縦軸のラベルを表示させたモザイク図を以下に示す．

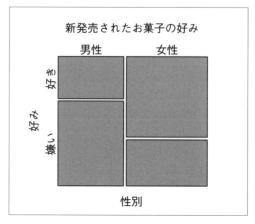

図 6.4　ラベルを表示したモザイク図

モザイク図に度数を表示する　作成したモザイク図に度数を表示させることもできる．

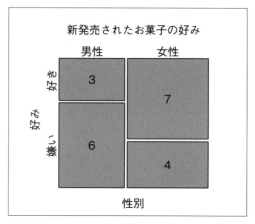

図 6.5　度数を表示したモザイク図

　モザイク図から男性で「好き」は 3 人，男性で「嫌い」は 6 人，女性で「好き」は 7 人，女性で「嫌い」は 4 人いることがわかる．

6.4 Rによる結果の出し方

6.4.1 例題6.1のRによる操作手順

表6.1の数値がデータとしてCSV形式のファイル (data6_1.csv) に保存されているので，**read.csv** 関数を使用してデータを読み込む．うまく読み込めたかを確認するために，読み込んだデータを表示しておく．

```
> data6_1 <- read.csv("data6_1.csv",header=TRUE)
> data6_1
```

```
# data6_1.csv ファイルを読み込み，「data6_1」と名付ける
# data6_1 の内容を確認する
```

```
   No 性別 好み
1   1 男性 嫌い
2   2 女性 好き
3   3 男性 好き
4   4 男性 嫌い
5   5 女性 好き
6   6 女性 嫌い
7   7 男性 嫌い
8   8 女性 好き
9   9 男性 嫌い
10 10 女性 好き
11 11 女性 好き
12 12 女性 嫌い
13 13 男性 好き
14 14 男性 嫌い
15 15 女性 好き
16 16 男性 好き
17 17 女性 嫌い
18 18 女性 嫌い
19 19 男性 嫌い
20 20 女性 好き
```

(1)　分割表

基本的な分割表　分割表は **table** 関数を使って作図することができる．

```
> tab1 <- table(data6_1[,2],data6_1[,3])
> tab1
```

```
# data6_1 の 2 列目を表側，3 列目を表頭とした分割表を作成し「tab1」と名付ける
# tab1 の内容を確認する
```

table 関数の ( ) には，表側（クロス表の左側の項目）の変数を最初，表頭（クロス表の上側の項目）の変数を後ろに指定する．今回は，「性別」を表側，「好み」を表頭にする．

表頭や表側の順序を変更した分割表　表頭や表側を自分の好きな並び順にしたいときには，**factor** 関数と **level** 関数を使って，項目の順番を指定する．

```
> data6_1[,2] <- factor(data6_1[,2],levels=c("男性","女性"))
> data6_1[,3] <- factor(data6_1[,3],levels=c("好き","嫌い"))
> tab2 <- table(data6_1[,2],data6_1[,3])
> tab2
```

```
# data6_1 の 2 列目の水準の並びを「男性-女性」にし，「data6_1[,2]」と名付ける
# data6_1 の 3 列目の水準の並びを「好き-嫌い」にし，「data6_1[,3]」と名付ける
# data6_1[,2] を表側，data6_1[,3] を表頭とした分割表を作成し「tab2」と名付ける
# tab2 の内容を確認する
```

周辺度数を表示した分割表　周辺度数（表側や表頭の変数の度数の合計）を表示させるには，**ad-dmargins** 関数を使用する．

```
> addmargins(tab2)
```

```
# tab2 の周辺度数を表示した分割表を作成する
```

割合を表示した分割表　分割表を，度数ではなく割合（相対度数）で表したいときには，**prop.table** 関数を使用する．デフォルトは全体に対する割合を表示する．引数に 1 を設定すると行方向の割合，2 を設定すると列方向の割合の分割表を作成できる．

```
> tab3 <- prop.table(tab2)
> tab3
```

```
# tab2 の全体%を表示した分割表を作成し「tab3」と名付ける
# tab3 の内容を確認する
```

```
> tab4 <- prop.table(tab2,1)
> tab4
```

```
# tab2 の行%を表示した分割表を作成し「tab4」と名付ける
# tab4 の内容を確認する
```

```
> tab5 <- prop.table(tab2,2)
> tab5
```

```
# tab2 の列%を表示した分割表を作成し「tab5」と名付ける
# tab5 の内容を確認する
```

(2) モザイク図

基本的なモザイク図　モザイク図を作成するには，**mosaicplot** 関数を使用する．

```
> mosaicplot(tab2)
```

```
# tab2 のモザイク図を作成する
```

ラベルを表示したモザイク図　グラフタイトル表示は main，横軸の表示は xlab，縦軸の表示は ylab の引数を使用する．

```
> mosaicplot(tab2,main="新発売されたお菓子の好み",xlab="性別",ylab="好み")
```

```
# グラフタイトルを [新発売されたお菓子の好み]，横軸ラベルを [性別]，縦軸ラベルを [好み]
  とした tab2 のモザイク図を作成する
```

mosaicplot 関数では，モザイク図で利用する変数を formula として直接指定する方法でも作図することができる．以下のように入力すると図 6.4 と同じモザイク図を作成することができる．

```
> mosaicplot(~data6_1[,2]+data6_1[,3],data=data6_1,
+ main="新発売されたお菓子の好み",xlab="性別",ylab="好み")
```

formula で変数の順番を変えると，モザイク図の縦と横の変数が変わる．このときには横軸と縦軸のラベルも変更しておく．

```
> mosaicplot(~data6_1[,3]+data6_1[,2],data=data6_1,
+ main="新発売されたお菓子の好み",ylab="性別",xlab="好み")
```

モザイク図に度数を表示する　モザイク図の中に度数や構成比を表示させたいときには，**text** 関数を使う方法がある．作成した図の上に見せたい値を重ねて表示する．ただし，モザイク図の長方形の大きさに合わせて，値を表示する位置を調整する作業が必要になる．text 関数は，棒グラフのときにも使用したが，text(x 座標, y 座標, 表示する数値) という書式である．

　今回は，次のように位置を指定して表示させている．

```
> text(0.22,0.3,6)
> text(0.22,0.8,3)
> text(0.75,0.7,7)
> text(0.75,0.15,4)
```

　ここでは紙面の関係で紹介できないが，vcd パッケージを使ってモザイク図を作ることもできる．その方法は他の書籍やインターネットで探してみてほしい．ただ，日本語を表示するには工夫が必要である．

6.4.2　**参考：分割表を R に読み込む方法**

　すでに完成している分割表をデータに使ってモザイク図を作成してみる．表 6.3 の分割表がdata6_3csv に保存されているとする．

表 6.3　**分割表**

	好き	嫌い
男性	3	6
女性	7	4

```
> data6_3 <- read.csv("data6_3.csv",header=T,check.names=F)
> data6_3
```

```
# data6_3.csv ファイルを読み込み，「data6_3」と名付ける
# data6_3 の内容を確認する
```

```
     好き 嫌い
男性    3    6
女性    7    4
```

　読み込んだ csv ファイルは，データフレーム形式として R に読み込まれている．そこで**data.matrix** 関数を使って数値の部分を行列に変換する．

```
> data6_4 <- data.matrix(data6_3[,2:3])
> data6_4
```

```
# data6_3 を行列に変換し，「data6_4」と名付ける
# data6_4 の内容を確認する
```

```
     好き 嫌い
[1, ]    3    6
[2, ]    7    4
```

　また，**dimnames** 関数で行列のラベルを設定しておく．この行列データを data6_4 に格納して，mosaicplot 関数でモザイク図を作成する．そのとき，main 引数でグラフタイトルを指定する．

```
> dimnames(data6_4) <- list("性別"=c("男性","女性"),"好み"=c("好き","嫌い"))
> mosaicplot(data6_4,main="分割表を R に読み込む")
```

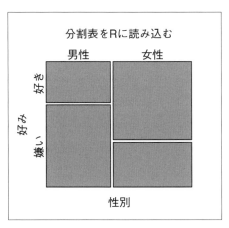

図 6.6 分割表を **R** に読み込んで作成したモザイク図

練習問題

6.1　下の表はリオ五輪における日本の獲得メダルを競技別・性別に整理したデータである.

表 6.4　**リオ五輪における日本の獲得メダル**

No.	競技	種目	性別	メダル
1	水泳	400 m 個人メドレー	男子	金メダル
2	水泳	200 m 平泳ぎ	女子	金メダル
3	体操	団体	男子	金メダル
4	体操	個人総合	男子	金メダル
5	レスリング	フリースタイル 48 kg 級	女子	金メダル
6	レスリング	フリースタイル 58 kg 級	女子	金メダル
7	レスリング	フリースタイル 63 kg 級	女子	金メダル
8	レスリング	フリースタイル 69 kg 級	女子	金メダル
9	柔道	73 kg 級	男子	金メダル
10	柔道	90 kg 級	男子	金メダル
11	柔道	70 kg 級	女子	金メダル
12	バドミントン	ダブルス	女子	金メダル
13	陸上	4×100 m リレー	男子	銀メダル
14	水泳	200 m バタフライ	男子	銀メダル
15	水泳	200 m 個人メドレー	男子	銀メダル
16	レスリング	フリースタイル 57 kg 級	男子	銀メダル
17	レスリング	グレコローマンスタイル 59 kg 級	男子	銀メダル
18	レスリング	フリースタイル 53 kg 級	女子	銀メダル
19	卓球	団体	男子	銀メダル
20	柔道	100 kg 超級	男子	銀メダル
21	陸上	50 km 競歩	男子	銅メダル
22	水泳	400 m 個人メドレー	男子	銅メダル
23	水泳	4×200 m リレー	男子	銅メダル
24	水泳	200 m バタフライ	女子	銅メダル
25	シンクロナイズドスイミング	チーム	女子	銅メダル
26	シンクロナイズドスイミング	デュエット	女子	銅メダル
27	テニス	シングルス	男子	銅メダル
28	体操	種目別跳馬	男子	銅メダル
29	ウエイトリフティング	48 kg 級	女子	銅メダル
30	卓球	シングルス	男子	銅メダル
31	卓球	団体	女子	銅メダル
32	柔道	60 kg 級	男子	銅メダル
33	柔道	66 kg 級	男子	銅メダル
34	柔道	81 kg 級	男子	銅メダル
35	柔道	100 kg 級	男子	銅メダル
36	柔道	48 kg 級	女子	銅メダル
37	柔道	52 kg 級	女子	銅メダル
38	柔道	57 kg 級	女子	銅メダル
39	柔道	78 kg 超級	女子	銅メダル
40	バドミントンシン	グルス	女子	銅メダル
41	カヌー	スラロームカナディアンシングル	男子	銅メダル

出典：公益財団法人日本オリンピック委員会公表資料を使って作成

(1)　メダルの種類と性別について分割表を作成せよ.

(2)　メダルの種類と性別についてモザイク図を作成せよ.

6.2 下の表は4都道府県の年齢階層別の人口データである.

表 6.5 **4都道府県の年齢階層別の人口データ（単位：1,000人）**

都道府県	0〜14歳	15〜64歳	65歳以上
北海道	608	3,191	1,558
東京都	1,518	8,734	3,006
大阪府	1,093	5,342	2,278
福岡県	6,76	3,058	1,305

出典：総務省統計局「日本の統計2017」の「都道府県, 年齢3区分別人口」の一部を利用

モザイク図を作成せよ.

第7章 平均値の比較とt検定

7.1 手法の概要（対応のないt検定）

7.1.1 検定の考え方

　次のデータは英語の能力を調査するために，同じ問題を高校1年生と高校2年生に実施した試験の結果である．各学年から無作為に生徒を選んで実施した．

表 7.1　データ表

1 年	2 年
49	29
35	55
41	64
44	58
36	37
31	65
32	46
46	52
55	51
25	44
45	
44	

$$n_1 = 12 \qquad n_2 = 10$$

　1年生と2年生の平均値に有意な差が認められるかどうか（2つの母平均に差があるかどうか）を検定したい．

　ここで，問題にしているのは，1年生のデータ12個の平均値と，2年生のデータ10個の平均値に差があるかどうかではなく，このデータがとられた2つの母集団の平均値に差があるかろうかである．**母集団**とは，調査・研究の対象としている集団，あるいは，測定値の集まりのことである．母集団の平均値のことを**母平均**と呼ぶ．ここで扱う1年生の12個のデータは，1年生全員の集まりから抜きとられた**標本**（サンプル）と呼ばれ，この平均値のことを**標本平均**と呼んでいる．2年生の10個の平均値も同様に，2年生全員の集まりから抜きとられた標本平均と考えるのである．母平均はμという記号を使うことが多い．

　さて，仮に1年生と2年生の母平均に差がないのであれば，それぞれの母集団からとられたデータの2つの平均値は，近い値を示すはずである．すなわち，差は0に近いはずである．しかし，ちょうど同じ値になるとは限らない．なぜならば，母集団すべてのデータを使ったのではなく，12個と10個のデータしか使っていないからである．そこには誤差が生じる．そこで，2つの平均値の差が

0 でないときには，その差が誤差の程度なのか，誤差よりはるかに大きいのかが問題になる．誤差の程度を越えているならば，母平均の値は異なるといえると考える．このような思想でデータを解析する手法が**検定**である．

7.1.2　仮説検定

検定と呼ばれる統計的方法は正確には**仮説検定**あるいは**有意性検定**などと呼ばれている．検定では，最初に次のような 2 つの仮説を立てる．

仮説 0：1 年生と 2 年生の母平均は等しい

仮説 1：1 年生と 2 年生の母平均は等しくない

この 2 つの仮説のどちらがよりもっともらしいか（可能性が高い）を得られたデータにもとづいて確率的に判断するのである．

仮説 0 のことを**帰無仮説**といい，H_0 という記号で表す．もう一方の仮説 1 のことを**対立仮説**といい，H_1 という記号で表す．2 つの仮説を統計的な習慣で表現すると，次のようになる．

$$H_0 : \mu_1 = \mu_2 \qquad (\mu_1 \text{ は 1 年生の母平均, } \mu_2 \text{ は 2 年生の母平均})$$

$$H_1 : \mu_1 \neq \mu_2$$

となる．

検定は，

① 最初に帰無仮説 H_0 が正しいと仮定する．

② この仮定にもとづいて，実際に得られたデータが示す現象が起きる確率（**p 値**と呼ぶ）を計算する．

③ p 値が小さいならば，帰無仮説 H_0 が正しいと仮定したことが誤りであったと考えて，帰無仮説 H_0 を棄却する．逆に，確率が小さくないならば，帰無仮説 H_0 を棄却しない．

という進め方をする．ここで，③ の「その確率が小さい」かどうかという判定には，5 %（0.05）という基準が使われることが多い．5 %以下であれば小さいと見なそうということである．5 %というのは絶対的なものではないが，多くの場合，この数値が使われている．なお，この 5 %という基準のことを**有意水準**と呼び，α という記号で表す．α は 5 %とするのが一般的なのである．また，p 値は**有意確率**とも呼ばれている．

$$p \text{ 値} \leqq \text{有意水準 } \alpha \ (= 0.05) \quad \rightarrow \quad \text{帰無仮説 } H_0 \text{ を棄却する}$$

$$p \text{ 値} > \text{有意水準 } \alpha \ (= 0.05) \quad \rightarrow \quad \text{帰無仮説 } H_0 \text{ を棄却しない}$$

というルールで結論を下すのが検定と呼ばれる方法である．

7.1.3　3 つの対立仮説

対立仮説は帰無仮説を否定するもので，次の 3 通りが考えられる．

(1)　$H_1 : \mu_1 \neq \mu_2$　（1 年生の点数の母平均と 2 年生の点数の母平均は異なる）

(2)　$H_1 : \mu_1 > \mu_2$　（1 年生の点数の母平均は 2 年生の点数の母平均より大きい）

(3)　$H_1 : \mu_1 < \mu_2$　（1 年生の点数の母平均は 2 年生の点数の母平均より小さい）

(1), (2), (3) のどの仮説を設定するかは統計の問題ではない．データを扱う人が何を検証したいかで決めることになる．(1) のような仮説を**両側仮説**と呼び，(2) と (3) のように大小関係を問題にし

ている仮説を片側仮説と呼んでいる．この違いは p 値の計算に影響を与える．

　この例では，2 つの母平均に差があるかどうかに興味を持っているので，(1) の両側仮説による検定を行うことにとなる．

　ところで，帰無仮説 H_0 を棄却することを「有意である」，帰無仮説 H_0 を棄却しないことを「有意でない」という言い方もする．

7.1.4　区間推定

　検定では 2 つの母平均 μ_1 と μ_2 が等しいかどうかを問題にする．これに対して，「μ_1 と μ_2 の差はいくつぐらいなのか」ということを興味の対象するときに使われる手法が推定と呼ばれる方法である．

　母平均 μ_1 と μ_2 の差はいくつぐらいなのかという問いに対して，「μ_1 と μ_2 の差は a ぐらいと推定される」と答える推定方法を点推定という．データから得られた 2 つの平均値の差が母平均 μ_1 と μ_2 の差の点推定値となる．

　点推定は 1 つの値で推定するため，母平均の差を完全に当てる可能性は低い．そこで，「差は b から c の間にあると推定される」と区間で推定する方法を区間推定と呼ぶ．

　区間推定を使うと，その区間が μ_1 と μ_2 の差を含む確率も明らかにすることができる．区間推定の結論は，次のような形式で表現される．

$$b \leqq \mu_1 - \mu_2 \leqq c \qquad (\text{信頼率 } 95\,\%)$$

この区間を母平均の差の **95 %信頼区間**といい，b を信頼下限，c を信頼上限という．信頼率が 95 %であるというのは，この区間が母平均の差を含む確率が 95 %であるということを意味している．信頼率は目的に応じて自由に設定できるが，通常は 95 %にする．

7.1.5　t 検定

　2 つの母平均に違いがあるかどうかを検定するには，**t 検定**と呼ばれる方法を使う．母平均を問題とする t 検定は大きく次の 3 つの種類がある．

(1)　対応がないデータの母平均の差を検定するときに使う t 検定

(2)　対応があるデータの母平均の差を検定するときに使う t 検定

(3)　1 つの母平均がある値に等しいかどうかを検定するときに使う t 検定

　本書では (1) と (2) をとりあげる．(1) の t 検定はさらに 2 種類に分かれている．2 つの母平均の違いを議論するときには，背景に 2 つの母集団を想定することになるが，これらの母集団における分散（母分散）が等しいと仮定する場合と，仮定しない場合に分かれるのである．母分散は等しいと仮定した場合の t 検定は **Student**（スチューデント）の **t 検定**と呼ばれている．これに対して，等しいということを仮定しない場合の t 検定は **Welch**（ウェルチ）の **t 検定**と呼ばれている．

7.2 例題

例題 7.1

次のデータは同じ問題を高校 1 年生と高校 2 年生に実施した試験の結果である.

表 7.2 データ表（先の例の再掲載）

1 年	2 年
49	29
35	55
41	64
44	58
36	37
31	65
32	46
46	52
55	51
25	44
45	
44	
$n_1 = 12$	$n_2 = 10$

(1) グラフ（ドットプロットと箱ひげ図）を作成せよ.

(2) 1 年生と 2 年生の平均値に有意な差が認められるかどうかを検定せよ.

7.3　結果と見方

7.3.1　データの要約
1 年生の基本統計量

```
 Min. 1st Qu. Median  Mean 3rd Qu.  Max.
25.00   34.25  42.50 40.25   45.25 55.00
```

2 年生の基本統計量

```
 Min. 1st Qu. Median  Mean 3rd Qu.  Max.
29.00   44.50  51.50 50.10   57.25 65.00
```

1 年生の平均値は 42.50, 2 年生の平均値は 50.10 であることがわかる.

7.3.2　グラフ化
(1)　ドットプロット

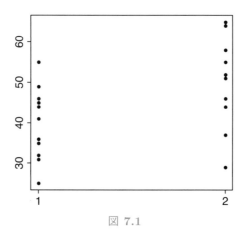

図 7.1

(2)　点の重なりを避けたドットプロット

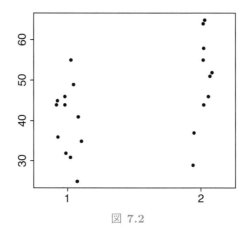

図 7.2

(3) 箱ひげ図

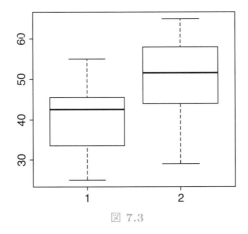

図 7.3

(4) 原データを表示した箱ひげ図

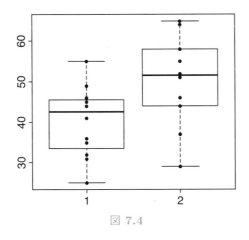

図 7.4

飛び離れた値（外れ値）はなさそうである [1].

7.3.3　等分散性の検定（F 検定）

t 検定の実施に先立ち，分散が 1 年生と 2 年生で異なるかどうかを検定する.

```
F test to compare two variances
data: y1 and y2
F=0.5633,num df=11,denom df=9, p-value=0.3657
alternative hypothesis: true ratio of variances is not equal to 1
95 percent confidence interval:
 0.1439866 2.0210147
sample estimates:
ratio of variances
          0.5632864
```

---

[1] データの数が少ないときには幹葉図やドットプロット，データの数が多いときには箱ひげ図が有効なグラフである．目安としてデータの数 n が 30 未満のときはドットプロット，30 以上のときは箱ひげ図と使い分けるとよいだろう.

$$p \,値 = 0.3675 > 0.05$$

なので，有意でない．したがって，1 年生と 2 年生の母分散に違いがあるとはいえない（1 年生と 2 年生の点数の分散には有意な差は認められない）．

7.3.4　t 検定の結果

```
          Two Sample t-test
 data: y1 and y2
 t=-2.3079,df=20, p-value=0.03182
 alternative hypothesis: true difference in means is not equal to 0
 95 percent confidence interval:
 -18.752823 -0.947177
 sample estimates:
 mean of x mean of y
     40.25     50.10
```

$$p \,値 = 0.03182 < 0.05$$

なので，有意である．したがって，1 年生と 2 年生の母平均に違いがあるとはいえる（1 年生と 2 年生の平均値には有意な差は認められる）．

　1 年生と 2 年生の母平均の差は $-18.752823 \sim -0.947177$ と推定される（信頼率 95 ％）．

7.4　Rによる結果の出し方

7.4.1　データの入力

```
> y1 <- c(49,35,41,44,36,31,32,46,55,25,45,44)
> y2 <- c(29,55,64,58,37,65,46,52,51,44)
```

```
# 1年生のデータを y1 とする
# 2年生のデータを y2 とする
```

7.4.2　データの要約

```
> summary(y1)
> summary(y2)
```

7.4.3　グラフ化

(1)　ドットプロット

ドットプロットには stripchart 関数を使用する.

```
> stripchart(list(y1,y2),vertical=TRUE,pch=16)
```

(2)　点の重なりを避けたドットプロット

同じ点の重なりをずらすようにするには，"jitter" をつけるとよい.

```
> stripchart(list(y1,y2),vertical=TRUE,pch=16,method="jitter")
```

(3)　箱ひげ図

```
> boxplot(y1, y2)
```

(4)　原データを表示した箱ひげ図

箱ひげ図の箱の中に個々のデータを表示させるときには，以下のようにする.

```
> boxplot(y1,y2)
> stripchart(list(y1,y2),vertical=TRUE,pch=16,add=TRUE)
```

参考：マーカーについて

プロットマーカーの形は，pch で指定する. プロットマーカーは数値で指定する. 数値とプロットマーカーの形は次のように対応している.

図 7.5

7.4.4 等分散性の検定（F 検定）

等分散性の検定には var.test 関数を使用する.

```
> var.test(y1,y2)
```

7.4.5 t 検定の結果

t 検定には t.test 関数を使用する.

```
> t.test(y1,y2,paired=FALSE,var.equal=TRUE)
```

```
t.test(y1,y2,paired=FALSE,var.equal=TRUE)
```

        ↓   ↓

データに対応がない   分散に違いがない（等分散性）を仮定

もしも，等分散性の検定で有意であるという結論が得られたときには，分散に違いがないことを仮定しない Welch の t 検定が使われる. このときには

```
t.test(y1,y2,paired=FALSE,var.equal=FALSE)
```

とする.

7.4.6 片側検定

例題 7.1 のように 1 年生の母平均 $\neq$ 2 年生の母平均 を検定することを両側検定という. これに対して，1 年生の母平均 < 2 年生の母平均 あるいは 1 年生の母平均 > 2 年生の母平均 を検定することを片側検定という. このときには以下のようにする.

1 年生の母平均 < 2 年生の母平均 のとき

```
t.test(y1,y2,alternative="less",paired=FALSE,var.equal=TRUE)
```

1 年生の母平均 > 2 年生の母平均 のとき

```
t.test(y1,y2,alternative="greater",paired=FALSE,var.equal=TRUE)
```

7.4.7 別の入力形式

```
> y <- c(49,35,41,44,36,31,32,46,55,25,45,44,29,55,64,58,37,65,46,52,51,44)
> x <- c(rep('1',12),rep('2',10))
> m <- data.frame(y,x)
> t.test(y~x,data=m,var.equal=TRUE)
```

7.5 手法の概要（対応のある t 検定）

7.5.1 検定の考え方

次のデータは同一人物の高校 1 年時と高校 2 年時の試験の結果である.

表 7.3 データ表

生徒	1 年	2 年
1	41	46
2	44	51
3	49	49
4	35	34
5	36	29
6	31	39
7	32	45
8	46	55
9	76	88
10	56	74

1 年時の試験結果と 2 年時の試験結果には差あるかどうか検討したい.

先の例題のデータは 1 年生と 2 年生は別人であり，それぞれ無関係に選ばれた人たちであった. そのようなデータを対応のないデータと呼んでいる.

7.5.2 対応のあるデータ

この例のデータは同一人物の 1 年時の得点と 2 年時の得点を比べることを目的としていて，同じ行の得点は同一人物の 1 年前と 1 年後の結果である. これは行ごとにペアとなっているデータで，このようなデータを対応のあるデータと呼んでいる. 2 つの母平均の差を検定する t 検定は，データに対応がないときと，あるときで計算方法が異なるので注意が必要である.

さて，この例の仮説は次のようになる.

$$H_0 : \mu_1 = \mu_2 \qquad (\mu_1 は 1 年時の母平均, \mu_2 は 2 年時の母平均)$$
$$H_1 : \mu_1 \neq \mu_2$$

しかし，データに対応があるときには，対応のないときと区別するために，次のように書くこともある.

$$H_0 : \mu_1 - \mu_2 = 0$$
$$H_1 : \mu_1 - \mu_2 \neq 0$$

7.6　例題

例題 7.2

次のデータは同一人物の高校 1 年時と高校 2 年時の試験の結果である.

表 7.4　データ表（先の例の再掲載）

生徒	1 年	2 年
1	41	46
2	44	51
3	49	49
4	35	34
5	36	29
6	31	39
7	32	45
8	46	55
9	76	88
10	56	74

(1)　グラフ（折れ線，散布図，箱ひげ図）を作成せよ.

(2)　1 年時の試験結果と 2 年時の試験結果には差あるかどうかを判断するために，対応のある t 検定を適用せよ.

7.7 結果と見方

7.7.1 データの要約

1 年時の基本統計量

```
 Min. 1st Qu. Median  Mean 3rd Qu.  Max.
31.00   35.25  42.50 44.60   48.25 76.00
```

2 年時の基本統計量

```
 Min. 1st Qu. Median  Mean 3rd Qu.   Max.
29.00   40.50  47.50 51.10   54.00 88.00
```

平均値は前期（44.6）よりも後期（51.0）のほうが高いことがわかる.

7.7.2 グラフ化

(1) 折れ線グラフ（横型）

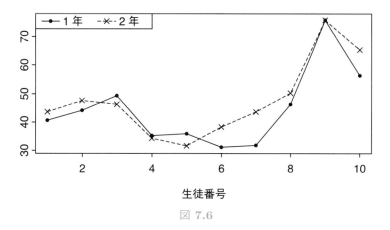

図 7.6

(2) 折れ線グラフ（縦型）

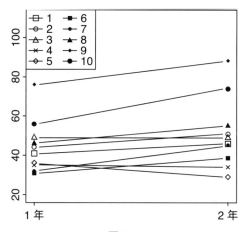

図 7.7

(3) 散布図

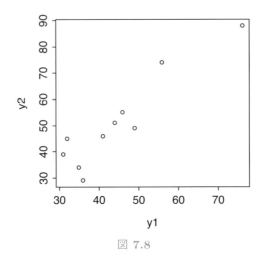

図 7.8

(4) 差（**2 年時 − 1 年時**）の箱ひげ図

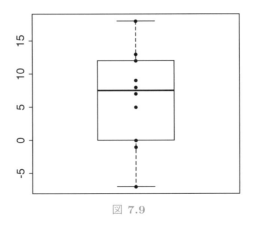

図 7.9

7.7.3 対応のある t 検定の結果

```
        Paired t-test
data: y1 and y2
t=-2.7251,df=9, p-value=0.02341
alternative hypothesis: true difference in means is not equal to 0
95 percent confidence interval:
 -11.712726 -1.087274
sample estimates:
mean of the differences
                -6.4
```

$$p\,値 = 0.02341 < 0.05$$

なので，有意である．したがって，1 年時と 2 年時の母平均に違いがあるとはいえる（1 年時と 2 年時の平均値には有意な差は認められる）．

1 年時と 2 年時の母平均の差は $-11.712726 \sim -1.087274$ と推定される（信頼率 95 %）．

7.8 Rによる結果の出し方

7.8.1 データの入力

```
> y1 <- c(41,44,49,35,36,31,32,46,76,56)
> y2 <- c(46,51,49,34,29,39,45,55,88,74)
> yy <- y2-y1
```

```
# 1 年時のデータを y1 とする
# 2 年時のデータを y2 とする
# 2 年時-1 年時を計算して yy としておく
```

7.8.2 グラフ化

(1) 折れ線グラフ（横型）

```
> plot(y1,type="b",xlab="生徒番号",ylab="",lty=1,pch=16)
> par(new=T)
> plot(y2,type="b",xlab="",ylab="",lty=3,pch=4,yaxt="n")
> legend("topleft",legend=levels <- c("1 年","2 年"),lty=c(1,3),pch=c(16,4),ncol=2)
```

(2) 折れ線グラフ（縦型）

```
> matplot(t(data),type="b",lty=1,pch=c(0,1,2,4,5,15,16,17,18,19),col=1,
+ xaxt="n",ylab="",ylim=c(20,110))
> axis(1,c(1,2),c("1 年","2 年"))
> legend("topleft",legend=c(1,2,3,4,5,6,7,8,9,10),lty=1,
+ pch=c(0,1,2,4,5,15,16,17,18,19),ncol=2)
```

(3) 散布図

```
> plot(y1,y2)
```

(4) 差（2 年時 −1 年時）の箱ひげ図

```
> boxplot(yy)
> stripchart(list(yy),vertical=TRUE,pch=16,add=TRUE)
```

7.8.3 対応のある t 検定

```
> t.test(y1,y2,paired=TRUE)
```

```
t.test(y1,y2,paired=TRUE)
                     ↓
        データに対応がある
```

7.9 参考：1つの母平均に関する検定と推定

例題 7.3

次のデータは算数の計算問題を解くのに要した時間（秒）を小学生 10 人について測定した結果である.

表 7.5 データ表

52
60
56
48
62
41
48
66
50
80

計算時間の母平均は 50 秒といえるかどうか検定せよ.

検定の仮説と結果

仮説は次のようになる.

$$H_0：\mu = 50$$
$$H_1：\mu \neq 50$$

t 検定は以下のように実施される.

```
> x <- c(52,60,56,48,62,41,48,66,50,80)
> t.test(x,mu=50)


        One Sample t-test
data: x
t=1.7763,df=9, p-value=0.1094
alternative hypothesis: true mean is not equal to 50
95 percent confidence interval:
 48.27687 64.32313
sample estimates:
mean of x
     56.3
```

$$p\,値 = 0.1094 > 0.05$$

なので，有意でない．したがって，計算時間の母平均は 50 でないとはいえない．

　なお，母平均は <u>48.27687 ～ 64.32313</u> と推定される（信頼率 95 %）．

　この区間推定の結果は以下のような手順でグラフ化できる．

```
> y <- t.test(x,mu=50)
> lower <- y$conf.int[1]    # 信頼下限
> upper <- y$conf.int[2]    # 信頼上限
> m1=lower-0.5*lower
> m2=upper+0.5*upper
> plot(1,mean(x),pch=16,cex=1,ylim=c(m1,m2),xlim=c(0,2),axes=F,xlab="",ylab="")
> axis(2)
> points(1,lower,pch="―")    #下限値
> points(1,upper,pch="―")    #上限値
> lines(c(1,1),c(lower,upper),lwd=1)
```

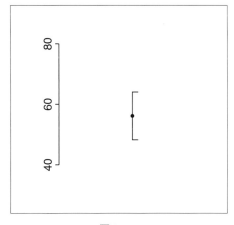

図 7.10

練習問題

7.1 次のデータは A くんと B くんのある作業に要した時間（秒）を測定した結果である．2 人とも 8 回ずつ作業をしている．

表 7.6

A くん	B くん
25	42
28	41
33	31
35	33
31	37
32	34
26	35
32	29

(1) A くんと B くんの作業時間の母平均に差があるかどうか検定せよ．

(2) A くんと B くんの作業時間の母平均の差を区間推定せよ．

7.2 次のデータは 10 人の右手と左手の握力を測定した結果である．

表 7.7

人番号	左	右
1	54	55
2	49	46
3	51	50
4	51	55
5	49	52
6	51	57
7	48	53
8	44	53
9	45	57
10	58	47

(1) 左手と右手の握力の母平均に差があるかどうか検定せよ．

(2) 左手と右手の握力の母平均の差を区間推定せよ．

第8章 平均値の比較と分散分析

8.1 手法の概要（一元配置分散分析）

8.1.1 分散分析の考え方

次のデータは英語の能力を調査するために，同じ問題を高校1年生，2年生，3年生の3学年に実施した試験の結果である．各学年から無作為に生徒を選んで実施した．

表 8.1 データ表

1 年	2 年	3 年
41	52	48
46	62	59
54	54	69
51	73	71
68	56	49
37	64	65
44	49	61
51	57	44
37	41	51
56		59
41		

$n_1 = 11 \quad n_2 = 9 \quad n_3 = 10$

1年生と2年生と3年生の平均値に有意な差が認められるかどうか（3つの母平均に差があるかどうか）を検討することを考える．

2つの母平均に違いがあるかどうかを見るための検定方法として t 検定があったが，3つ以上の母平均に違いがあるかどうかを見るための検定方法として，**分散分析**と呼ばれる方法がある．比べる母平均の数が k 個あるとして，検定の対象となる帰無仮説 H_0 と対立仮説 H_1 は次のようになる．

$$H_0 : \mu_1 = \mu_2 = \cdots = \mu_k$$
$$H_1 : H_0 \text{ でない} \quad (\text{少なくとも1組について } \mu_i \neq \mu_j)$$

となる．

この例の場合には次のようになる．

$$H_0 : \mu_1 = \mu_2 = \mu_3$$
$$H_1 : H_0 \text{ でない}$$

（μ_1 は1年生の母平均，μ_2 は2年生の母平均，μ_3 は3年生の母平均）

ところで，分散分析は 3 つ以上の母平均を比べるときに使うと述べたが，実は 2 つのときにも使うことができる．そのときの結果は t 検定の結果と一致する．

8.1.2　一元配置

この例は学年によって，母平均に違いがあるかどうかを見ようとしているものであるが，同時に，性別によっても違いがあるかどうかを見たいという状況もありうる．その場合，比べる軸が学年と性別というように 2 つあることになる．比べる軸となるものを**因子**と呼び，この因子の数が 1 つの場合を**一元配置分散分析**，2 つの場合を**二元配置分散分析**と呼んでいる．この例の因子は学年だけなので，一元配置分散分析を行うことになる．

8.2　例題

例題 8.1

次のデータは英語の能力を調査するために，同じ問題を高校 1 年生，2 年生，3 年生の 3 学年に実施した試験の結果である．

表 8.2　データ表（先の例の再掲載）

1 年	2 年	3 年
41	52	48
46	62	59
54	54	69
51	73	71
68	56	49
37	64	65
44	49	61
51	57	44
37	41	51
56		59
41		

$$n_1 = 11 \quad n_2 = 9 \quad n_3 = 10$$

(1)　グラフ（ドットプロットと箱ひげ図）を作成せよ．

(2)　1 年生と 2 年生と 3 年生の平均値に有意な差が認められるかどうかを検定せよ．

8.3 結果と見方

8.3.1 データの要約

1 年生の基本統計量

```
 Min. 1st Qu. Median  Mean 3rd Qu.  Max.
37.00   41.00  46.00 47.82   52.50 68.00
```

2 年生の基本統計量

```
 Min. 1st Qu. Median  Mean 3rd Qu.  Max.
41.00   52.00  56.00 56.44   62.00 73.00
```

3 年生の基本統計量

```
 Min. 1st Qu. Median  Mean 3rd Qu.  Max.
44.00   49.50  59.00 57.60   64.00 71.00
```

1 年生の平均値は 47.82，2 年生の平均値は 56.44，3 年生の平均値は 57.60 であることがわかる．この差が統計学的に有意なもの（意味がある）かどうかを検討するのが分散分析である．

8.3.2 グラフ化

(1) ドットプロット

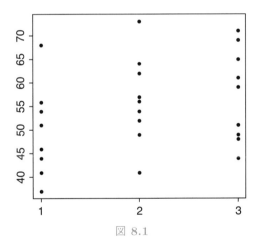

図 8.1

(2) 点の重なりを避けたドットプロット

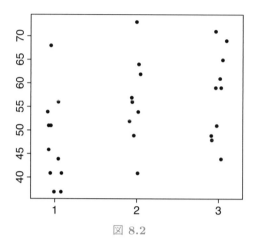

図 8.2

(3) 箱ひげ図

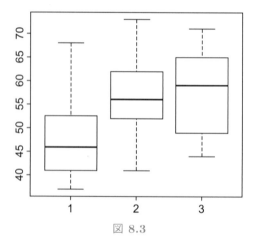

図 8.3

(4) 原データを表示した箱ひげ図

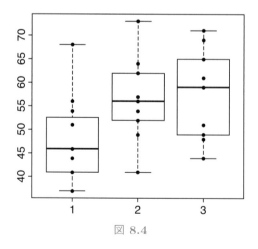

図 8.4

8.3.3　等分散性の検定（Bartlett の検定）

　最初に，データのばらつき（分散）が1年生と2年生と3年生で異なるかどうかを検定する．2つの分散の違いの検定には F 検定を用いたが，この方法は2つのときにしか使うことができない．そこで，3つ以上の分散の違いを検定するときには，**Bartlett**（バートレット）**の検定**を用いる．

```
Bartlett test of homogeneity of variances
data: list(y1,y2,y3)
Bartlett's K-squared=0.0019,df=2, p-value=0.999
```

$$p \text{ 値} = 0.999 > 0.05$$

なので，有意でない．したがって，1年生と2年生と3年生の母分散に違いがあるとはいえない（1年生と2年生と3年生の分散には有意な差は認められない）．

8.3.4　分散分析の結果

　分散分析を実施すると，次のような結果が得られる．

```
          Df  Sum Sq Mean Sq F value  Pr(>F)
x          2  600.41 300.204  3.4724  0.04550 *
Residuals 27 2334.26  86.454


---

Signif.codes: 0 '***' 0.001 '**' 0.01 '*' 0.05 '.' 0.1 ' ' 1
```

$$p \text{ 値} = 0.04550 < 0.05$$

なので，有意である．したがって，1年生と2年生と3年生の母平均に違いがあるとはいえる（1年生と2年生と3年生の平均値には有意な差は認められる）．

8.4　R による結果の出し方

8.4.1　データの入力

```
> y1 <- c(41,46,54,51,68,37,44,51,37,56,41)
> y2 <- c(52,62,54,73,56,64,49,57,41)
> y3 <- c(48,59,69,71,49,65,61,46,51,59)
```

```
# 1 年生のデータを y1 とする
# 2 年生のデータを y2 とする
# 3 年生のデータを y3 とする
```

8.4.2　データの要約

```
> summary(y1)
> summary(y2)
> summary(y3)
```

8.4.3　グラフ化

(1)　ドットプロット

```
> stripchart(list(y1,y2,y3),vertical=TRUE,pch=16)
```

(2)　点の重なりを避けたドットプロット

```
> stripchart(list(y1,y2,y3),vertical=TRUE,pch=16,method="jitter")
```

(3)　箱ひげ図

```
> boxplot(y1,y2,y3)
```

(4)　原データを表示した箱ひげ図

```
> boxplot(y1,y2,y3)
> stripchart(list(y1,y2,y3),vertical=TRUE,pch=16,add=TRUE)
```

8.4.4　等分散性の検定（Bartlett の検定）

Bartlett の検定には **bartlett.test** 関数を使用する.

```
> bartlett.test(list(y1,y2,y3))
```

8.4.5 分散分析

分散分析には **aov** 関数を使用する.

```
> y <- c(y1,y2,y3)
> xx <- c(rep('1',11),rep('2',9),rep('3',10))
> x <- factor(xx)
> m <- data.frame(y,x)
> z <- aov(y~x,m)
> summary(z)
```

8.4.6 別の実行方法

分散分析には oneway.test 関数を使用することもできる.

```
> oneway.test(y~x,var.equal=TRUE)

One-way analysis of means
data: y and x
F=3.4724,num df=2,denom df=27, p-value=0.04550
```

8.5 手法の概要（多重比較）

8.5.1 2つずつの母平均の比較

　分散分析で有意となっても，どの母平均間に有意な差があるかを見つけることはできない．このときには，2組ずつの平均値をとりあげて検定を繰り返すことになる．そのため方法が**多重比較**と呼ばれる方法である．多重比較にはいくつかの方法が提案されているが，本書ではそれらの中でも頻繁に使われている Tukey の方法と Bonferroni の方法を紹介する．

8.5.2 Tukey の方法と Bonferroni の方法

　Tukey（テューキー）**の方法**，正確には，**Tukey の HSD**（Tukey's Honest Significant Difference）法を使うと多重比較を行うことができる．この方法は多重比較の方法の中では最も頻繁に使われている．R では **TukeyHSD 関数**を使用する．

　Bonferroni（ボンフェローニ）**の方法**は全体の有意水準が α（通常は 0.05）になるように考え出された方法で，k 組の比較を行うときには，有意水準を $\frac{\alpha}{k}$ とするというものである．ただし，実際には p 値を k 倍して，α と比較するという方法で，p 値を調整する．R では **pairwise.t.test 関数**を使用する．

8.6 例題

例題 8.2

　例題 8.1 において，
- 1 年生と 2 年生
- 1 年生と 3 年生
- 2 年生と 3 年生

の有意差を多重比較せよ．

8.7 結果と見方

8.7.1 Tukey の方法による多重比較の結果

```
  Tukey multiple comparisons of means
    95% family-wise confidence level
Fit: aov(formula = y~x)
$x
        diff       lwr      upr      p adj
2-1 8.626263 -1.7356445 18.98817 0.1164897
3-1 9.781818 -0.2911068 19.85474 0.0582527
3-2 1.155556 -9.4369291 11.74804 0.9605305
```

p 値は最後の列の「p adj」の数値を読む.

1 年生と 2 年生の差の p 値 $= 0.1164897$ 　　差の 95% 信頼区間 $= -1.7356445 \sim 18.98817$

1 年生と 3 年生の差の p 値 $= 0.0582527$ 　　差の 95% 信頼区間 $= -0.2911068 \sim 19.85474$

2 年生と 3 年生の差の p 値 $= 0.9605305$ 　　差の 95% 信頼区間 $= -9.4369291 \sim 11.74804$

どの p 値も 0.05 より大きく有意でない. 差の 95% 信頼区間もどの場合も 0 を含んでいる. これらのことから全体としては(分散分析の結果)有意であったが,個別に 2 つずつとりあげると有意でないという不思議な現象が起きていることがわかる. これは分散分析と多重比較の計算方法の違いから来るものであるが,分散分析で有意になったものの,大きな差はないと解釈するのがよいであろう.

8.7.2 Bonferroni の方法による多重比較の結果

```
        Pairwise comparisons using t tests with pooled SD
data: y and x
   1    2
2 0.15 -
3 0.07 1.00
P value adjustment method: bonferroni
```

1 年生と 2 年生の差の p 値 $= 0.15$

1 年生と 3 年生の差の p 値 $= 0.07$

2 年生と 3 年生の差の p 値 $= 1.00$

やはり,どの p 値も 0.05 よりも大きくなっている.

Bonferroni の方法というのは,通常の計算方法で得られる p 値を検定した回数倍(この例では 3 倍)した値を新たな p 値(調整済み p 値と呼ばれている)として用いるという考え方である. 差がなくても何度も検定を繰り返していると,偶然に 0.05 よりも小さな p 値が得られることを防ぐためである.

なお,p 値の調整方法としては,ここでとりあげた Bonferroni の方法のほかに,**Holm**(ホルム)の方法,**Hochberg**(ホックバーグ)の方法,Hommel(ホンメル)の方法などが提案されている.

8.8　Rによる結果の出し方

8.8.1　データの入力

```
> y1 <- c(41,46,54,51,68,37,44,51,37,56,41)
> y2 <- c(52,62,54,73,56,64,49,57,41)
> y3 <- c(48,59,69,71,49,65,61,46,51,59)
```

8.8.2　多重比較

```
> TukeyHSD(aov(y~x))
```

```
> pairwise.t.test(y,x,paired=FALSE,p.adjust.method="bonferroni")
```

　Holm の方法，Hochberg の方法，Hommel の方法は，R では以下のようにすれば実施することができる.

Holm の方法　　→ pairwise.t.test(y,x,paired=FALSE,p.adjust.method="holm")

Hochberg の方法 → pairwise.t.test(y,x,paired=FALSE,p.adjust.method="hochberg")

Hommel の方法　→ pairwise.t.test(y,x,paired=FALSE,p.adjust.method="hommel")

8.1　次のデータは3つの機械 A_1, A_2, A_3 について，同一の作業を実行したときの開始から完了までの作業時間（単位：分）である．

表 8.3

A_1	A_2	A_3
11	12	14
13	13	15
14	13	16
12	16	17

3つの機械について，作業時間の母平均に差があるかどうか検定せよ．

8.2　次のデータは5種類の木材 B_1, B_2, B_3, B_4, B_5 について，乾燥後の反り量（単位：mm）を測定したものである．

表 8.4

B_1	B_2	B_3	B_4	B_5
11	12	14	21	12
13	13	15	18	11
14	13	16	13	10

5種類の木材について，反り量の母平均に差があるかどうか検定せよ．

第9章　割合の比較と二項検定

9.1　手法の概要（母割合に関する検定と推定）

9.1.1　検定の必要性

ある製品を 20 個選んで品質を検査した．その結果が 18 個が合格，2 個が不合格となったとしよう．合格した割合は 0.9 （$= \frac{18}{20}$）ということになる．このとき，**母割合**（母集団における合格の割合）は 0.7 以上と判断してよいかを検討したいとする．このような状況でも検定と推定が必要になる．なぜならば，0.9 という値は 20 個の製品を調べた結果に過ぎないからである．

9.1.2　二項分布

合格と不合格の 2 通りのいずれかが起こるような事象の確率分布は**二項分布**と呼ばれている．二項分布において，ある事象が起きる確率を π とすると，n 回の試行中，x 回その事象が起きる確率 $f(x)$ は次のような式で計算される．

$$f(x) = {}_n\mathrm{C}_x \times \pi^x \times (1-\pi)^{n-x}$$

この例に当てはめると，「仮に」知っている確率が 0.7 であるとすると，20 個中 18 個が合格となる確率は，$n = 20$, $x = 18$, $\pi = 0.7$ を当てはめて，次のように計算される．

$$f(18) = {}_{20}\mathrm{C}_{18} \times 0.7^{18} \times 0.3^2 = 0.02784587$$

同様にして，

$$19 \text{ 個が合格となる確率は} \quad f(19) = {}_{20}\mathrm{C}_{19} \times 0.7^{19} \times 0.3 = 0.006839337$$
$$20 \text{ 個が合格となる確率は} \quad f(20) = {}_{20}\mathrm{C}_{20} \times 0.7^{20} \qquad = 0.0007979227$$

となる．この例における検定の p 値は次のように計算される．

$$p \text{ 値} = f(18) + f(19) + f(20) = 0.02784587 + 0.006839337 + 0.0007979227$$
$$= 0.03548313$$

この計算を電卓による筆算で行うのは極めて面倒である．

9.2 例題

　ある商品を知っているかどうかを問う調査を 20 人に調査した．その結果が 18 人が「知っている」，2 人が「知らない」と答えたとしよう．知っている人の割合は 0.9 $\left(= \frac{18}{20}\right)$ ということである．このとき，母割合（この例題では，母認知率＝母集団における知っている人の割合）は 0.7 以上と判断してよいか検定せよ．

　また，母割合を信頼率 95 ％で区間推定せよ．

9.3 結果と見方

9.3.1 二項検定の結果

　二項分布を利用して p 値を求め，母割合（母認知率）がある値に等しいか，あるいは，ある値より大きいか（小さいか）を検定する方法を**二項検定**と呼んでいる．

```
        Exact binomial test
data: 18 and 20
number of successes=18,number of trials=20, p-value=0.03548
alternative hypothesis: true probability of success is greater than 0.7
95 percent confidence interval:
 0.7173815    1.0000000
sample estimates:
probability of success
                      0.9
```

$$p \text{ 値} = 0.03548 < 0.05$$

なので，有意である．したがって，母割合（母認知率）は 0.7 より大きいといえる．

9.3.2 区間推定の結果

```
        Exact binomial test
 data: 18 and 20
 number of successes=18,number of trials=20,p-value=0.05263
 alternative hypothesis: true probability of success is not equal to 0.7
 95 percent confidence interval:
  0.6830173    0.9876515
 sample estimates:
 probability of success
                       0.9
```

母割合を π とすると,

$$0.6830173 \leqq \pi \leqq 0.9876515 \quad（信頼率 95\%）$$

という結果が得られる.

9.4　R による結果の出し方

9.4.1　二項検定

R で二項検定を行うときには, **binom.test** 関数を使う.

```
> binom.test(18,20,0.7,alternative="greater")
```

binom.test の中の alternative="greater" は片側検定を行うためにつけている. この例題は 0.7 より大きいかということを検定しようとしているから片側検定となる. 0.7 といえるかどうかであれば, その場合は両側検定となり, alternative="two.sided" とする. なお, 両側検定のときは, alternative 以下を省略してもよい.

9.4.2　区間推定

binom.test 関数を使うと区間推定の結果も同時に得られる. ただし, 気をつけなければいけないことがある. 片側検定を実施すると, 区間推定の結果も片側となる. しかし, 区間推定は特殊な事情がある場合を除いて, 通常は両側で行う. したがって, 片側検定のときの区間推定の結果は利用できず, 改めて binom.test 関数により両側検定を行う必要がある.

```
> binom.test(18,20,0.7)
```

9.5 手法の概要（符号検定）

9.5.1 二項選択

2つの食品を提示してどちらが好きかどうか，ある政策を提示して賛成か反対かとか，選択肢が2つあり，そのどちらかを選ぶような調査方式を**二項選択**と呼んでいる．二項選択結果も検定による結論が必要になる．

9.5.2 半々かどうか

2つの食品 A と B を提示したとき，A と B で好まれる割合に差がなければ，どちらの母割合も0.5（50％）ということになる．このことを検定するには，確率を 0.5 として二項検定を実施すればよい．確率を 0.5 とした二項検定を**符号検定**と呼んでいる．

検定の仮説は次のようになる．

$$帰無仮説\ H_0：A が好まれる割合 ＝ B が好まれる割合 ＝ 0.5$$

$$対立仮説\ H_1：A が好まれる割合 ≠ B が好まれる割合$$

記号で表現すると次のようになる．

$$帰無仮説\ H_0：\pi_A = \pi_B = 0.5$$

$$対立仮説\ H_1：\pi_A \neq \pi_B$$

9.6 例題

例題 9.2

2つのチョコレート（A，B）について，両方試食してもらい，どちらのチョコレートが好きかを答えてもらう実験を 40 人に実施した．その結果が以下のようになった．

$$A が好き\ 28 人 \quad （A を好む割合 ＝ 0.7 ＝ 70\%）$$

$$B が好き\ 12 人 \quad （B を好む割合 ＝ 0.3 ＝ 30\%）$$

A と B で好まれる割合が異なるといえるか検定せよ．

また，A が好まれる割合と B が好まれる割合を信頼率 95％で区間推定せよ．

9.7　結果と見方

9.7.1　符号検定の結果

```
        Exact binomial test
data: 28 and 40
number of successes=28,number of trials=40, p-value=0.01659
alternative hypothesis: true probability of success is not equal to 0.5
95 percent confidence interval:
 0.5346837     0.8343728
sample estimates:
probability of success
                    0.7
```

$$p \text{ 値} = 0.03548 < 0.05$$

なので，有意である．したがって，A と B で好まれる割合に差があるといえる．

9.7.2　区間推定の結果

A を好む母割合の 95 ％信頼区間は次のようになる．

$$0.5346837 \leqq \pi_A \leqq 0.8343728$$

B を好む母割合の 95 ％信頼区間は 1 から上記の値を引けばよいので，次のようになる．

$$0.1656272 \leqq \pi_B \leqq 0.4653163$$

9.8　R による結果の出し方

9.8.1　符号検定

R で符号検定を行うときには，二項検定と同じ binom.test 関数を使う．

```
> binom.test(28,40,0.5)[1]
```

9.8.2　区間推定

符号検定に続く区間推定の結果は binom.test 関数を使うと検定結果に続いて得られる．

---

[1] binom.test(12,40,0.5) としてもよい．

9.8.3 符号検定の適用

符号検定は確率が 0.5 であるかどうかを議論する場面で適用できるので，非常に応用範囲が広い方法である．その一例として，データに対応があるときの母平均の差を検定する t 検定の代わりに使う方法を示すことにしよう．

いま，英語の試験を 20 人の学生に 2 回ずつ実施したものとする．その試験結果が以下のデータ表である．

表 9.1　データ表

学生	1 回目	2 回目
1	55	45
2	22	35
3	39	55
4	53	67
5	37	52
6	41	55
7	38	58
8	31	49
9	44	45
10	60	53
11	47	49
12	41	45
13	31	33
14	71	46
15	37	56
16	55	47
17	50	66
18	46	40
19	35	69
20	32	49

ここで，1 回目と 2 回目の引き算を実施する．

$$差 = 2 回目 - 1 回目$$

としよう．

もしも，1 回目と 2 回目で成績に差がないのであれば，引き算した結果の符号は，＋の数と－の数がおおよそ同じ数になるはずである．

このように考えることで，符号検定が適用できるのである．すなわち，＋の数と－の数が半々かどうか（50％ずつかどうか）を検定すればよいことになる．

表 9.2　データ表

学生	1 回目	2 回目	差	符号
1	55	45	−10	−
2	22	35	13	+
3	39	55	16	+
4	53	67	14	+
5	37	52	15	+
6	41	55	14	+
7	38	58	20	+
8	31	49	18	+
9	44	45	1	+
10	60	53	−7	−
11	47	49	2	+
12	41	45	4	+
13	31	33	2	+
14	71	46	−25	−
15	37	56	19	+
16	55	47	−8	−
17	50	66	16	+
18	46	40	−6	−
19	35	69	34	+
20	32	49	17	+

＋の数 ＝ 15
−の数 ＝ 5

R のコマンドは以下のようになる.

```
> y1 <- c(55,22,39,53,37,41,38,31,44,60,47,41,31,71,37,55,50,46,35,32)
> y2 <- c(45,35,55,67,52,55,58,49,45,53,49,45,33,46,56,47,66,40,69,49)
> d <- y2-y1
> x1 <- sum(d< 0)
> x2 <- sum(d> 0)
> n <- x1+x2
> binom.test(x1,n,0.5)


        Exact binomial test

data: x1 and n
number of successes=5,number of trials=20, p-value=0.04139
alternative hypothesis: true probability of success is not equal to 0.5
95 percent confidence interval:
 0.08657147 0.49104587
sample estimates:
probability of success
                0.25
```

$$p \text{ 値} = 0.04139 < 0.05$$

なので，有意である．したがって，＋の数と − の数に差があるといえる.

すなわち，1 回目と 2 回目の成績には差があるといえる.

練習問題

9.1　あるホテルが顧客満足度調査を120人に実施した.

満足　80人

不満　40人

という結果であった.

　(1)　母不満率は35％より低いといえるか検定せよ.

　(2)　母不満率の95％信頼区間を求めよ.

9.2　ラグビーとサッカーのどちらが好きかを90人に調査した.

ラグビーが好き　50人

サッカーが好き　40人

という結果であった.

　ラグビー好きとサッカー好きの人数に差があるといえるか検定せよ.

第10章 分割表と χ^2 検定

10.1 手法の概要（2 × 2分割表の検定）

10.1.1 2 × 2分割表とは

次に示されているような集計表を分割表あるいは**クロス集計表**と呼んでいる.

表 10.1

	好き	嫌い
男	30	20
女	45	65

この表は，ある商品 A について，好きか嫌いかを問う調査を実施して，その集計結果を整理した表で，表中の数字は人数を示している. この表は 2 行（男・女）と 2 列（好き・嫌い）で構成されているので，**2 × 2 分割表**と丁寧に呼ぶこともある. 男で好きと答えた人が 30 人，嫌いと答えた人が 20 人，女で好きと答えた人が 45 人，嫌いと答えた人が 65 人いることを表している.

10.1.2 2 × 2分割表の解析

分割表の解析は行と列に関係があるかどうかを調べることが目的になる. 行と列に関係があるかとは，言い方を換えると，男と女でこの商品を好きな割合（あるいは嫌いな割合）に差があるかどうかということになる. このためにはグラフ（**モザイク図**あるいは**アソシエーションプロット**）と **χ^2 検定（カイ 2 乗検定）**が有効な方法になる.

χ^2 検定とは，次の仮説を検定するための方法である.

$$H_0：行（男・女）と列（好き・嫌い）は関係がない$$
$$H_1：行（男・女）と列（好き・嫌い）は関係がある$$

となる.

別の表現をすると，次のようになる.

$$H_0：男で好きな割合と女で好きな割合には差がない$$
$$H_1：男で好きな割合と女で好きな割合には差がある$$

あるいは

$$H_0：男で嫌いな割合と女で嫌いな割合には差がない$$
$$H_1：男で嫌いな割合と女で嫌いな割合には差がある$$

10.2　例題

先の例における分割表について，以下の解析をせよ.

(1)　モザイク図によるグラフ化

(2)　アソシエーションプロットによるグラフ化

(3)　χ^2 検定

10.3　結果と見方

10.3.1　グラフ化

(1)　モザイク図

　男は「好き」の割合が多く，女は「嫌い」の割合が多いことがわかる. 男より女のほうが全体の人数が多いこともわかる.

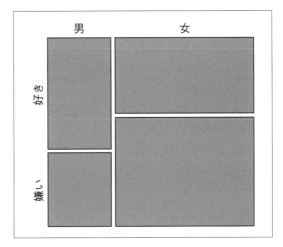

図 10.1

　分割の方向を逆にしたモザイク図も出しておく.

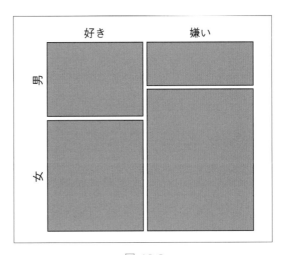

図 10.2

(2)　アソシエーションプロット

モザイク図のほかにアソシエーションプロットと呼ばれるグラフも分割表の視覚化には有用である.

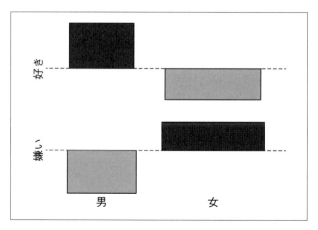

図 10.3

分割の方向を逆にしたアソシエーションプロットも出しておこう.

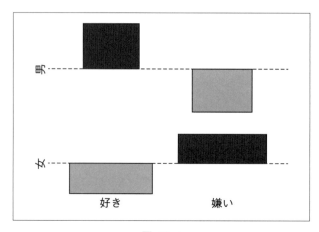

図 10.4

10.3.2　χ^2 検定の結果

分割表の検定には χ^2 検定が用いられる. これは行と列に関係があると見なしてよいかどうかを検証するためのものである. この例では性別と好き嫌いに関係があるかかどうかを見ることになる. これは言い方を変えれば, 男と女で好き嫌いの割合に違いがあるかどうかを見ていることになる.

```
        Pearson's Chi-squared test with Yates' continuity correction
data: x
X-squared=4.2936,df=1, p-value = 0.03826
```

$$p\,\text{値} = 0.03826 < 0.05$$

なので, 有意である. したがって, 性別と好き嫌いには関係があるといえる（男と女では好き嫌いの割合が異なるといえる）.

10.3.3 Fisher の直接確率検定の結果

χ^2 検定は表中の人数に小さなもの（目安は 5 以下）があると，χ^2 分布の近似が悪くなり，得られる p 値が信用できなくなる [1]．このようなときには，正確な検定方式として知られる **Fisher**（フィッシャー）の直接確率検定を用いるよい．

```
        Fisher's Exact Test for Count Data
data: x
p-value = 0.02754
alternative hypothesis: true odds ratio is not equal to 1
95 percent confidence interval:
 1.039266    4.551214
sample estimates:
odds ratio
  2.155988
```

$$p \, 値 = 0.02754 < 0.05$$

なので，有意である．

10.3.4 オッズ比

オッズ比というのは以下のようにして求めるものである．

$$男のオッズ = （好きの割合）\div（嫌いの割合）$$

$$女のオッズ = （好きの割合）\div（嫌いの割合）$$

$$オッズ比 = 男のオッズ \div 女のオッズ$$

この例題の場合は次のようになる．

$$男のオッズ = （好きの割合）\div（嫌いの割合）= 0.600 \div 0.400 = 1.500$$

$$女のオッズ = （好きの割合）\div（嫌いの割合）= 0.409 \div 0.591 = 0.692$$

$$オッズ比 = 男のオッズ \div 女のオッズ = 1.500 \div 0.692 = 2.167$$

これは男は女に比べて好きという可能性が 2.17 倍になると解釈される．

ところで，このようにした計算結果である 2.167 という数値は R の結果にある 2.155988 という結果と一致していない．これは R がオッズ比の計算に際し，特殊な計算方法を用いているからである．

---

[1] 厳密には表中の人数ではなく，期待度数と呼ばれる値が 5 以下のものがあるときに χ^2 分布の近似が悪くなる．

10.4　Rによる結果の出し方

10.4.1　データの入力

```
> x <- matrix(c(30,45,20,65),nrow=2,ncol=2)
> rownames(x) <- c("男","女")
> colnames(x) <- c("好き","嫌い")
```

```
# 1 列目から順に記述する
# 各行に名称をつける
# 各列に名称をつける
```

10.4.2　グラフ化

(1)　モザイク図

```
> mosaicplot(x,main="")2)
```

省略して mosaicplot(x) とすると x と自動的にタイトルが付く.
分割の方向を逆にしたモザイク図を作成するには,次のようにする.

```
> mosaicplot(t(x),main="")
```

(2)　アソシエーションプロット

```
> assocplot(x)
```

分割の方向を逆にしたアソシエーションプロットを作成するには,次のようにする.

```
> assocplot(t(x))
```

10.4.3　χ^2 検定
χ^2 検定には chisq.test 関数を使用する.

```
> chisq.test(x)
```

10.4.4　Fisher の直接確率検定
直接確率検定には fisher.test 関数を使用する.

```
> fisher.test(x)
```

---

2) main="" はグラフ全体にタイトルをつけないという指示.

10.5 手法の概要（$r \times c$分割表の検定）

10.5.1 2×2より大きな分割表

5つのチョコレート（A, B, C, D, E）について，どのチョコレートが最も好きかを調査を実施した．その集計結果を属性（小学生，中学生，高校生，大学生）別に整理した表を次に示す．

表 10.2

	A	B	C	D	E
小学生	10	12	18	11	14
中学生	19	23	11	15	16
高校生	22	11	23	12	12
大学生	12	12	10	10	23

この分割表は4行5列で構成されているので，4×5分割表と呼ばれる．

10.5.2 $r \times c$分割表の解析

2×2分割表より大きな分割表は無限に存在するので，本書では$r \times c$分割表と一般的に表現することとする．2×2分割表のときと同様に，$r \times c$分割表においても，行と列に関係があるかどうかを調べることが解析の目的になる．この検定にもχ^2検定が用いられ，次の仮説を検定することになる．

H_0：行（4つの属性）と列（好きなチョコレート）は関係がない

H_1：行（4つの属性）と列（好きなチョコレート）は関係がある

となる．

別の表現をすると，次のようになる．

H_0：4つの属性によって，好きなチョコレートの割合に差がない

H_1：4つの属性によって，好きなチョコレートの割合に差がある

10.6 例題

例題 10.2

先の例における分割表について，以下の解析をせよ．

(1) モザイク図によるグラフ化

(2) アソシエーションプロットによるグラフ化

(3) χ^2検定

10.7 結果と見方

10.7.1 グラフ化

(1) モザイク図

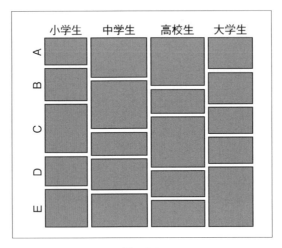

図 10.5

小学生は C，中学生は B，高校生は A と C，大学生は E を好む割合が多いことがわかる．分割の方向を逆にしたモザイク図も出しておく．

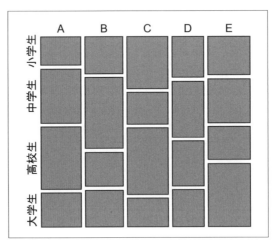

図 10.6

(2)　アソシエーションプロット

　モザイク図のほかにアソシエーションプロットも分割表の視覚化には有用である.

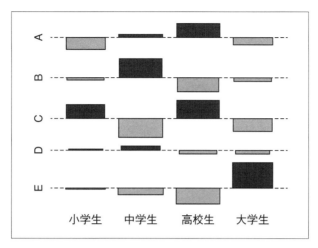

図 10.7

　分割の方向を逆にしたアソシエーションプロットも作成する.

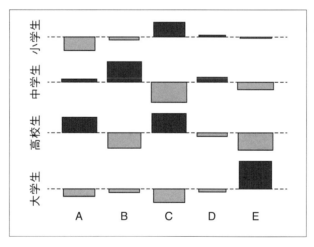

図 10.8

10.7.2　χ^2 検定の結果

χ^2 検定の結果は次のようになる.

```
        Pearson's Chi-squared test
data: x
X-squared=21.5099,df=12, p-value=0.04339
```

$$p \text{ 値} = 0.04339 < 0.05$$

なので，有意である．したがって，小学生，中学生，高校生，大学生という属性によって，商品 A，B，C，D，E の好みが異なるといえる [3]．

```
以下にエラー fisher.test(x) :
  FEXACT error 6.
LDKEY is too small for this problem.
Try increasing the size of the workspace.
```

---

[3] 大きな分割表で直接確率検定を実施すると，メモリ不足により解に到達しないことが多々ある.

10.8 Rによる結果の出し方

10.8.1 データの入力

```
> x <- matrix(c(10,19,22,12,12,23,11,12,18,11,23,10,11,15,12,10,14,16,12,23),
+ nrow=4,ncol=5)
> rownames(x) <- c("小学生","中学生","高校生","大学生")
> colnames(x) <- c("A","B","C","D","E")
```

10.8.2 グラフ化

(1) モザイク図

```
> mosaicplot(x,main="")
```

分割の方向を逆にしたモザイク図

```
> mosaicplot(t(x),main="")
```

(2) アソシエーションプロット

```
> assocplot(x)
```

分割の方向を逆にしたアソシエーションプロット

```
> assocplot(t(x))
```

10.8.3 χ^2 検定

```
> chisq.test(x)
```

10.8.4 Fisher の直接確率検定

```
> fisher.test(x)
```

10.9 参考：コレスポンデンス分析

分割表を視覚化する方法の 1 つにコレスポンデンス分析（**対応分析**）と呼ばれる統計的方法がある．この方法は多変量解析と呼ばれる方法に属するもので，本書のレベルを超えるため，どのような結果が得られるかだけ参考までに示すことにする．

```
> x <- matrix(c(10,19,22,12,12,23,11,12,18,11,23,10,11,15,12,10,14,16,12,23),
+ nrow=4,ncol=5)
> rownames(x) <- c("小学生","中学生","高校生","大学生")
> colnames(x) <- c("A","B","C","D","E")
> library(MASS)
> y <- corresp(x,nf=2)
> biplot(y,main="")
```

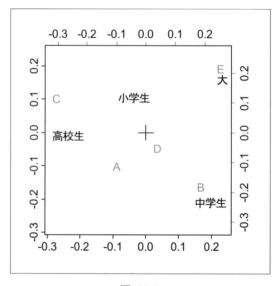

図 10.9

練習問題

10.1 次の表はラグビーとサッカーのどちらが好きかを男女別に調査した集計結果を整理したものである.

表 10.3

	ラグビー	サッカー
男	22	28
女	28	12

性別とスポーツの好みに関係があるといえるか検定せよ.

10.2 次の表は属性(小学生か中学生か高校生か)別に,最も好きな食べ物を調査した集計結果を分割表に整理したものである.

表 10.4

	カレー	ラーメン	かつ丼	天丼
小学生	28	6	11	7
中学生	10	20	12	8
高校生	10	20	22	9

属性と好きな食べ物は関係があるといえるか検定せよ.

第11章　相関分析

11.1　手法の概要

11.1.1　散布図

　「暑いときに，アイスクリームはよく売れているのか」という2つの間の関係を調べたいとすれば，過去の気温のデータとそのときの売上の関係を調べることが有効であろう．このように，気温と売上という2つの変数（測定項目のことを「変数」という）の関係を知りたいときに行うのが**相関分析**である．ここでは詳細についてはふれないが，相関分析をしても，原因と結果の関係になっているかどうかは調べられない．たとえば，暑くなるとアイスクリームの売上が上がるかどうかという因果関係の有無については調べることはできない．

　2変数の関係を表現する自然な方法として，それぞれの生のデータを2次元平面の xy 軸にプロットすることが考えられる．この図を**散布図**と呼ぶ．データの組合せが，通常は30組以上あるときに用いる．2つの変数のうち，どちらの変数を x 軸にしてもグラフ上は同じ意味であるが，興味のある対象を y 軸に配置し，それに影響を与えていると考える変数を x 軸にするとよい．

　散布図を見るときに，まず着目するのは全体的な値の傾向である．2つの変数の関係に興味があるときに作成するので，以下の3つのどのパターンに当たるかを見極めるとよい．それは，

(1)　一方の値が大きくなると，他方の値が大きくなる場合

(2)　一方の値が大きくなると，他方の値が小さくなる場合

(3)　一方の値が大きくなっても，他方の値には変化がないような場合

である．図 11.1 に3つのパターンを示した．それぞれ左から (1)，(2)，(3) の順である．

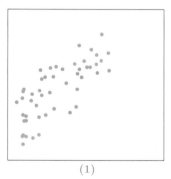 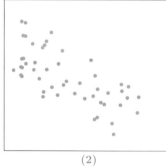 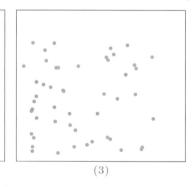

| (1) | (2) | (3) |

図 11.1　散布図の3つのパターン

　2つの変数の間に，直線的な関係があることを，**相関がある**と呼ぶ．先ほどの (1) のパターンを**正の相関がある**と呼び，(2) のパターンを**負の相関がある**と呼ぶ．(3) のパターンは，**相関がない場合**

である.

次に観察する点は，他の値から飛び離れた値がないかどうかである．飛び離れた値のことを，**外れ値**と呼ぶ．図 11.2 では，囲んだ箇所にほかのデータの組合せとは異質なデータで混ざっていることが観察される.

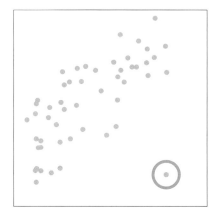

図 11.2 　外れ値を含む散布図（丸で囲んだデータが外れ値）

散布図を見る際には，以上の 2 点に加えて重要な視点があと 2 つある.

1 つは，層別の必要性を検討することである．データの中に，2 つ以上の異質な集団が混在している場合に，本来は x と y の間には相関があるにもかかわらず，全体としては相関がないよう見えてしまうことがある．たとえば，図 11.3 に示した散布図のように，実線で囲まれた部分と，点線で囲まれた部分のそれぞれに着目すると，相関があるにもかかわらず，散布図全体では相関が見られない場合がある.

一方で，全体では見かけ上相関があったとしても，層別因子の違いによって全体の違いが説明されているだけであって，いま着目している変数間の関係が現れているわけではないこともある.

したがって，散布図によって把握している相関は，何を全体として見ているのかをよく吟味して解釈する必要がある.

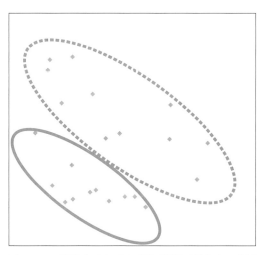

図 11.3 　層別するとそれぞれ相関が見られる場合

もう 1 つの視点は，調査範囲との関係である．先ほどの層別の必要性の検討に類似しているが，x と y に弱い関係があったときに，調査範囲を相対的に広くとると相関が強調されて見えることがある．一方で，本来は強い相関があるにもかかわらず，相対的に狭い範囲のみで調査していると，弱い相関しか見られないか，無相関と思われることがあり，相関を見逃すことがある．

以上をまとめると，散布図を見る際は，

(1)   全体的な値の傾向

(2)   外れ値の有無

(3)   層別の必要性の検討

(4)   調査範囲との関係

の 4 つの点に着目するとよい．

11.1.2   相関係数

興味のある対象の y に対して，変数 x_1, x_2, x_3, x_4, x_5 をとりあげて，y とそれぞれの変数で作成した散布図が 5 つ得られたとする．y を最もよく説明する変数を選ぶために，変数の関係の強さを定量的にとらえて，比較することができれば便利である．

このような 2 変数間の直線的な関係の強さを定量的に表す尺度として，**相関係数**がある．相関係数は，ふつう r を用いて表され，以下の式で定義される．

$$r = \frac{S_{xy}}{\sqrt{S_{xx}S_{yy}}} \tag{11.1}$$

ここで，S_{xx}, S_{yy}, S_{xy} はそれぞれ **x の偏差平方和**，**y の偏差平方和**，**x と y の偏差積和**の値であり，x と y についての n 組のデータからは，以下の式で計算することができる．

$$S_{xx} = \sum_{i=1}^{n}(x_i - \overline{x})^2 = \sum_{i=1}^{n}x_i^2 - \frac{\left(\sum_{i=1}^{n}x_i\right)^2}{n}$$

$$S_{yy} = \sum_{i=1}^{n}(y_i - \overline{y})^2 = \sum_{i=1}^{n}y_i^2 - \frac{\left(\sum_{i=1}^{n}y_i\right)^2}{n}$$

$$S_{xy} = \sum_{i=1}^{n}(x_i - \overline{x})(y_i - \overline{y}) = \sum_{i=1}^{n}x_iy_i - \frac{\left(\sum_{i=1}^{n}x_i\right)\left(\sum_{i=1}^{n}y_i\right)}{n}$$

ここで，$\overline{x} = \frac{1}{n}\sum_{i=1}^{n}x_i$, $\overline{y} = \frac{1}{n}\sum_{i=1}^{n}y_i$ であり，それぞれの平均値を表している．すなわち，x の偏差平方和とは，それぞれの x の値から x の平均値を引いたものを 2 乗した値を n 個分足し合わせたものである．一方で，y の偏差平方和は，それぞれの y の値から y の平均値を引いたものを 2 乗した値を n 個分足し合わせたものである．また，xy の偏差積和とは，それぞれの x の値から x の平均値を引いたものと，それぞれの y の値から y の平均値を引いたものの積を n 個分足し合わせたものである．

手計算を簡単にするためには，右側の式で計算する．こうすることによって，x の偏差平方和 S_{xx} は，それぞれの x の 2 乗の和と，それぞれの x の和を求めることで計算できる．

相関係数 r は，

$$-1 \leqq r \leqq 1 \tag{11.2}$$

である．すなわち，-1 から 1 の間の値をとる値となる．相関係数 r が 1 のときは，x と y が右上がりの一直線上の値の組合せしかとらないときであり，相関係数 r が -1 のときは，x と y が右下がりの一直線上の値の組合せしかとらないときである．相関係数が 0 のときは，点がばらばらに散らばった状態である．

図 11.1 では，(1) のパターンを正の相関があると呼ぶと述べたが，これは相関係数の値を計算すると 0 から 1 の間の正の値をとるためである．同様に，(2) のパターンを負の相関があると呼ぶのは，相関係数の値を計算すると -1 から 0 の間の負の値をとるからである．(3) のパターンは，相関がないとされ，0 に近い値をとる．

相関係数の値は，データ数によっても変動するため，どの値以上であれば強いといえるということを厳密にいうことはできないが，-0.9 より小さい場合や 0.9 より大きな場合について，強い相関があるなどということがある．0.3 より大きな場合や -0.3 より小さい場合に，弱い相関があるともいう．図 11.4 には，$r = 0.89$ の場合の散布図を示し，図 11.5 には $r = 0.25$ の散布図を示す．どちらもサンプルサイズ n は 30 である．

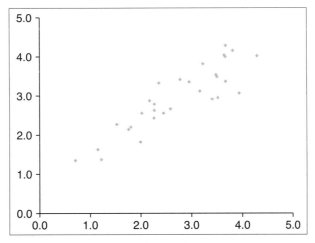

図 11.4　散布図 1（データ数 30, $r = 0.89$）

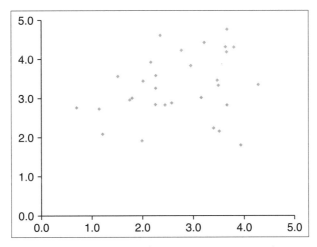

図 11.5　散布図 2（データ数 30, $r = 0.25$）

　図 11.4 に比べて，図 11.5 ではデータの散らばり方が広がっているように見える．実際には，相関係数を求めるだけではなく，先ほど述べた散布図と合わせて考察することが重要である．

　サンプリングによって得たデータにもとづいて計算された相関係数は，もう 1 回サンプリングをして得られたデータにもとづいて計算した相関係数と完全に一致することはない．同じようにデータをとっても，得られる相関係数は異なるのがふつうである．したがって，得られたサンプルにもとづいて相関係数を計算して，母集団における相関関係の有無を検定することが考えられる．

　この検定は，母集団の相関関係を表す母相関係数 ρ（ぼ・そうかんけいすう　ギリシャ文字でロー）を想定し，そこから得たサンプルの相関係数 r がどのような分布になるかを考える必要がある．

　$\rho = 0$ のとき，

$$t = \frac{r\sqrt{n-2}}{\sqrt{1-r^2}} \tag{11.3}$$

とすると，t は自由度 $\phi = n - 2$ の t 分布に従う．この性質を用いて，相関がないことを帰無仮説とした検定を行うことができる．これを**無相関の検定**と呼ぶ．

　さらに，相関係数 r を 2 乗した r^2 を，**寄与率**（あるいは**決定係数**）と呼び，y の変動のうち x の変動で説明できる割合を示す．先ほどの相関係数の値がとる範囲から，

$$0 \leqq r^2 \leqq 1 \tag{11.4}$$

である．

　寄与率は，第 12 章の単回帰分析および第 13 章の重回帰分析においても重要な値であるので，再度説明する．

11.2 例題

例題 11.1

表 11.1 に，架空のお店のアイスクリームの売上と最高気温のデータを 20 日分示す．11.1.1 項で説明したように，通常は 30 組以上のデータがあるときに散布図を作成するが，この例題では 20 組のデータとする．

表 11.1　売上 y（単位：千円）と温度 x（単位：℃）

No.	売上 y	温度 x
1	69.8	29.9
2	68.9	29.9
3	63.7	27.2
4	65.5	27.0
5	73.0	31.0
6	79.6	34.1
7	63.5	26.5
8	78.3	31.9
9	59.0	24.8
10	56.6	24.8
11	83.0	35.3
12	81.8	33.0
13	61.3	25.4
14	79.4	33.1
15	78.0	32.1
16	90.5	38.2
17	80.1	34.2
18	58.8	25.2
19	57.4	25.3
20	76.8	32.1

(1)　散布図を作成せよ．

(2)　相関係数を求めよ．

(3)　母相関係数が 0 と異なるかどうか検定せよ．

11.3　結果と見方

11.3.1　例題 11.1 の結果と見方

(1)　散布図

表 11.1 のデータにもとづいて作成した散布図を図 11.6 に示す．相関係数の計算にも用いるので，それぞれの変数についての基本統計量を求めてみると，表 11.2 のようになる．

表 11.2　基本統計量

変数	y	x
最小値	Min　　　：56.60	Min　　　：24.80
第 1 四分位	1st Qu：62.95	1st Qu：26.23
中央値	Median：71.40	Median：30.45
平均値	Mean　：71.25	Mean　：30.05
第 3 四分位	3rd Qu：79.45	3rd Qu：33.02
最大値	Max　　：90.50	Max　　：38.20

ここで，平均値（Mean）は，

$$\overline{y} = \frac{1}{n}\sum_{i=1}^{n} y_i = \frac{1}{20} \times 1425.0 = 71.25$$

$$\overline{x} = \frac{1}{n}\sum_{i=1}^{n} x_i = \frac{1}{20} \times 601.0 = 30.05$$

である．

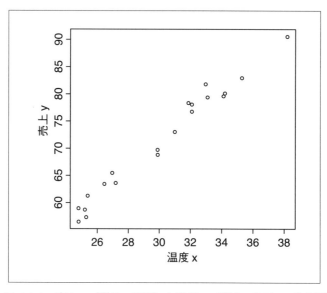

図 11.6　売上 y（単位：千円）と温度 x（単位：℃）の散布図

　図 11.6 では，売上 y に興味があるため，y 軸にプロットし，売上 y に影響していると考えられる温度 x を x 軸にプロットしている．図 11.6 より，温度 x が大きくなればなるほど，売上 y が大きくなっていることがわかる．また，外れ値については，特に見当たらない．

　さらに，温度 x の値が大きくなればなるほど，売上 y が直線的に大きくなっている．温度 x が 25°C から 30°C に上昇した際には，売上 y は約 60 千円から約 70 千円と 10 千円増加しているが，温度 x が 30°C から 35°C に上昇した際にも，売上 y は約 10 千円増加している．すなわち，今回得られた x の範囲においては，y の増加の程度は，どこでも同じ程度であることがわかる．また，温度が 25°C 近辺では，売上は 55 千円から 60 千円の範囲あたりに散らばっていることがわかる．増加の程度と同様に，別の温度の近辺でも 5 千円程度の幅に収まっていることがわかる．

(2)　相関係数

　次に，相関係数を求める．計算を簡単にするため，y^2，x^2，xy の値を追加した表を表 11.3 に示す．

表 11.3　売上と気温のデータ（再掲）

No.	売上 y	温度 x	y^2	x^2	xy
1	69.8	29.9	4872.04	894.01	2087.02
2	68.9	29.9	4747.21	894.01	2060.11
3	63.7	27.2	4057.69	739.84	1732.64
4	65.5	27.0	4290.25	729.00	1768.50
5	73.0	31.0	5329.00	961.00	2263.00
6	79.6	34.1	6336.16	1162.81	2714.36
7	63.5	26.5	4032.25	702.25	1682.75
8	78.3	31.9	6130.89	1017.61	2497.77
9	59.0	24.8	3481.00	615.04	1463.20
10	56.6	24.8	3203.56	615.04	1403.68
11	83.0	35.3	6889.00	1246.09	2929.90
12	81.8	33.0	6691.24	1089.00	2699.40
13	61.3	25.4	3757.69	645.16	1557.02
14	79.4	33.1	6304.36	1095.61	2628.14
15	78.0	32.1	6084.00	1030.41	2503.80
16	90.5	38.2	8190.25	1459.24	3457.10
17	80.1	34.2	6416.01	1169.64	2739.42
18	58.8	25.2	3457.44	635.04	1481.76
19	57.4	25.3	3294.76	640.09	1452.22
20	76.8	32.1	5898.24	1030.41	2465.28
合計	1425.0	601.0	103463.04	18371.30	43587.07

[1] 0.987625

　相関係数 r は，0.987625 と計算される．したがって，温度と売上の間には，強い正の相関が存在すると考えられる．

(3) 無相関の検定

母相関係数が 0 と異なるかどうかの検定は以下のようになる.

```
        Person's product-moment correlation
data: x and y
t=26.717,df=18, p-value=6.181e-16
alternative hypothesis: true correlation is not equal to 0
95 percent confidence interval:
 0.9682902 0.9951993
sample estimates:
     cor
0.987625
```

t 分布にもとづき, 検定統計量 $t = 26.717$, 自由度 (df : degree of freedom) が 18 のもとで, p 値が 6.181e-16 となる. 母相関係数の 95 %信頼区間は, 0.968 から 0.995 である.

表 11.3 にもとづき, 相関係数を計算すると,

$$S_{xx} = \sum_{i=1}^{n} (x_i - \overline{x})^2 = \sum_{i=1}^{n} x_i^2 - \frac{\left(\sum_{i=1}^{n} x_i\right)^2}{n}$$

$$= 18371.30 - \frac{601.0^2}{20} = 18371.30 - 18060.05 = 311.25$$

$$S_{yy} = \sum_{i=1}^{n} (y_i - \overline{y})^2 = \sum_{i=1}^{n} y_i^2 - \frac{\left(\sum_{i=1}^{n} y_i\right)^2}{n}$$

$$= 103463.04 - \frac{1425.0^2}{20} = 103463.04 - 101531.25 = 1931.79$$

$$S_{xy} = \sum_{i=1}^{n} (x_i - \overline{x})(y_i - \overline{y})$$

$$= \sum_{i=1}^{n} x_i y_i - \frac{\left(\sum_{i=1}^{n} x_i\right)\left(\sum_{i=1}^{n} y_i\right)}{n}$$

$$= 43587.07 - \frac{601.0 \times 1425.0}{20} = 43587.07 - 42821.25 = 765.82$$

であるから,

$$r = \frac{S_{xy}}{\sqrt{S_{xx}S_{yy}}} = \frac{765.82}{\sqrt{311.25 \times 1931.79}}$$

$$= \frac{765.82}{\sqrt{601269.6}} = \frac{765.82}{775.42} = 0.988$$

と求めることができる.

相関係数 r の 2 乗で計算される寄与率は,

$$r^2 = 0.988^2 = 0.975$$

と求めることができる. したがって, y の変動のうち, 97.5 %は x の変動で説明できることがわかった.

11.4 Rによる結果の出し方

11.4.1 例題 11.1 の R による操作手順

(1) 散布図

例題の場合の散布図は，以下で描くことができる．

```
> data11_1 <- read.csv("data11_1.csv",header=TRUE)
> x <- data11_1$x
> y <- data11_1$y
> plot(x,y,xlab="温度 x",ylab="売上 y")
```

```
# data11_1.csv を読み込み，「data11_1」と名付ける
# 変数 x に，「x」と名付ける
# 変数 y に，「y」と名付ける
# x と y にもとづく散布図を作成し，横軸名を '' 温度 x''，縦軸名を '' 売上 y'' とする
```

まずは，表 11.1 のデータ（data11_1.csv）を読み込み，data11_1 と名前をつける．data11_1.csv の先頭行には変数の名前が入っているので，header=TRUE とする（1 行目）．x, y という変数名を付け，x は data11_1 の x のデータ，y は data11_1 の y のデータとする（2, 3 行目）．散布図を描くには，plot(x, y) と，x 軸，y 軸にもってくる変数を指定する（4 行目）．軸の名前をつけるために，xlab="温度 x"，ylab="売上 y" とすることで，それぞれの軸に指定した文字列が入力される．これは省略してもよく，省略した場合は変数の名前が軸に表示される．

なお，層別した散布図は，変数名に層別のためのデータを設定するとした場合，plot(x, y, pch=z) とすることで，プロットする記号を z に従って変化させることができる．

(2) 相関係数

```
> cor(x,y)
```

```
# x と y にもとづく相関係数を求める
```

相関係数の計算は **cor** 関数を用いて，cor(x, y) と入力すればよい．変数名に層別のためのデータを設定するとした場合，cor(x[z==1],y[z==1]) とすると，z=1 のデータのみを用いて相関係数を計算することができる．

(3) 無相関の検定

```
> cor.test(x,y)
```

```
# x と y にもとづく無相関検定を実行する
```

相関係数の検定は **cor.text** 関数を用いて，cor.test(x, y) と入力すればよい．

練習問題

11.1　例題 11.1 とは別のお店のアイスクリームの売上（y）と温度（x）の関係を調べるため，30 日間のデータを集めた（データは"data11_2.csv"）．その日の天気によって関係の現れ方か異なるかもしれないと考え，変数 w に，その日の天気が晴れであれば 0，それ以外の天気であれば 1 の値を入力した．

表 11.4　売上と気温と天気のデータ

No.	売上 y	温度 x	天気
1	52	27.3	0
2	56	27.9	1
3	62	27.7	1
4	50	27.0	1
5	64	28.1	0
6	70	28.0	0
7	70	28.5	1
8	78	28.2	0
9	78	28.6	0
10	74	29.0	1
11	60	28.0	0
12	82	28.9	0
13	70	28.4	1
14	82	28.9	0
15	86	28.7	0
16	84	29.3	0
17	84	29.9	1
18	88	29.2	0
19	90	29.6	1
20	94	30.0	1
21	98	29.5	0
22	98	30.7	1
23	98	30.3	0
24	80	29.0	1
25	104	30.3	0
26	106	30.7	1
27	100	30.0	0
28	110	30.6	1
29	108	31.0	1
30	120	31.0	0

(1)　30 個全体のデータの散布図を作成し，相関係数を求めよ．

(2)　天気で層別した散布図を作成し，相関係数を求めよ．

第12章　単回帰分析

12.1　手法の概要

12.1.1　単回帰分析とは

第11章では，2つの変数の関係を散布図で表した．また，直線的な関係のことを相関と呼び，その関係の強さを相関係数で数量的に表現できるようになった．**単回帰分析**ではさらに一歩進んで，興味のある対象である y が，変数 x を用いてどのように数量的に説明できるか，また，どの程度説明できるのかを数量的に表す．散布図上に散らばった点に対して，2つの変数の関係を説明する直線を当てはめる．

すなわち，単回帰分析とは，

$$y = a + bx \tag{12.1}$$

を決めることである．ここで，式 (12.1) における y は**目的変数**，x は**説明変数**と呼ぶ．a は**切片**と呼ばれ，b は**回帰係数**である（傾きともいう）．y が x の1次の項を用いて表されるため，1次関数であることがわかる．単回帰分析とは，x と y の関係について，散布図上のデータをよく説明する1次の直線を引くことである．

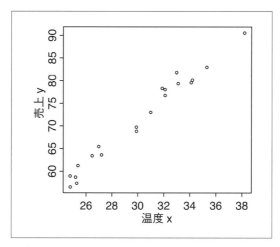

図 12.1　温度 x（単位：℃）と売上 y（単位：千円）の散布図（図 **11.6** の再掲）

先ほど，「単回帰分析は，データに最もよく当てはまる切片 a と回帰係数 b の係数を求めることである．」と述べた．図 12.1 は，11章の表 11.1 のデータをもとに作成した散布図である．2つの変数の関係を説明するために，フリーハンドで線を引いていても合理的ではない．そこで，よい線の引き方をデータにもとづいて決定する方法を考える．

すべてのデータの組合せが直線上に完全に乗ることは考えにくく，実際には誤差 ε を含めた等式

$$y = a + bx + \varepsilon \tag{12.2}$$

と式 (12.2)（これをデータの構造式という）を想定しており，図 12.2 のようになる．すなわち，ある x が決まったときの y は，$a + bx$ 付近に存在し，それぞれの値は誤差 ε を含めると正確に表現できる．このとき誤差 ε には仮定をおいており，以下の 4 つである．

(1) 期待値が 0 （不偏性ともいう）$E(\varepsilon) = 0$

(2) 等分散性 分散が一定で，$V(\varepsilon) = \sigma^2$

(3) 独立性 互いに独立である

(4) 正規性 正規分布に従う

の 4 つを満たすとして解析を進める．

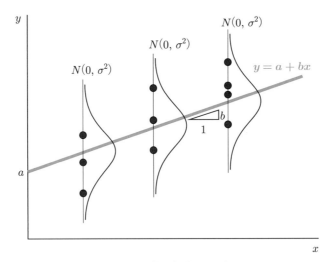

図 12.2 単回帰式のモデル

実際の y の値が x から計算した値 y_1 と完全に一致することは少なく，$y - y_1$ のようにずれが生じるのが自然である．この差を **残差** と呼ぶ．散布図上では，データの y の値と，データの x の値が決まったときに直線から求められる値との差である．

この関係を利用して，データに最もよく当てはまる直線を求める際に活用する．すなわち，残差を合計することで，よい直線を見極める．しかし，残差を合計すると，いずれの場合も 0 となってしまう．残差は正の値も負の値もとりうるため（0 のこともある），それぞれの残差の値が 0 から離れていても，全体としては 0 になる．それぞれの残差が 0 からどの程度離れているかを測るために残差を 2 乗し，その合計が小さな直線を選択する．残差の 2 乗の合計を **残差平方和** と呼び，これが小さい値であれば，式が x と y の関係をよく表しているといえる．

残差平方和を最小になるように a, b を決定する方法を **最小 2 乗法** と呼ぶ．a, b の値の推定値を $\widehat{a}$, $\widehat{b}$ と書き，式にもとづいて i 番目の x について推定した値を $\widehat{y_i}$ とする．残差 e_i は，個別の値 y_i と推定した値 $\widehat{y_i}$ との差であるから，

$$e_i = y_i - \widehat{y_i} = y_i - \widehat{a} - \widehat{b}x_i \tag{12.3}$$

となる．したがって，残差平方和 S_e は，式 (12.3) で求めた残差 e_i の 2 乗の合計であり，データの組合せが n 組あるので，

$$S_e = \sum_i^n (y_i - \widehat{a} - \widehat{b} x_i)^2 \tag{12.4}$$

と書ける. 式 (12.4) を最小にするを $\widehat{a}$, $\widehat{b}$ 求めるためには, 残差平方和 S_e を $\widehat{a}$, $\widehat{b}$ の関数として, $\widehat{a}$, $\widehat{b}$ それぞれで偏微分する. 偏微分して得られた 2 つの式を 0 としたときの方程式の解が $\widehat{a}$, $\widehat{b}$ の値となる. それらは,

$$\widehat{a} = \overline{y} - \frac{S_{xy}}{S_{xx}} \overline{x} \tag{12.5}$$

$$\widehat{b} = \frac{S_{xy}}{S_{xx}} \tag{12.6}$$

と書け, $\overline{x}$, $\overline{y}$ および 11 章で相関係数の計算に当たって用いた平方和 S_{xx} と偏差積和 S_{xy} を用いて計算できる.

12.1.2 得られた式の解釈

まず, 得られた回帰式によって, 目的変数 y の変動のどの程度を説明できるかを検討する. そのためには, y の変動を分解して, x によって説明できる部分とそれ以外の部分の大きさを比較することが有効である.

式 (12.3) における残差は,

$$e_i = y_i - \widehat{y}_i = y_i - \widehat{a} - \widehat{b} x_i = (y_i - \overline{y}) - \widehat{b}(x_i - \overline{x}) \tag{12.7}$$

とも書ける. 式 (12.7) を用いて目的変数の平方和を計算すると,

$$\begin{aligned}
\sum (y_i - \overline{y})^2 &= \sum (y_i - \widehat{y}_i + \widehat{y}_i - \overline{y})^2 \\
&= \sum (e_i + \widehat{y}_i - \overline{y})^2 \\
&= \sum e_i^2 + 2 \sum (\widehat{y}_i - \overline{y}) e_i + \sum (\widehat{y}_i - \overline{y})^2
\end{aligned}$$

であり, $\sum (\widehat{y}_i - \overline{y}) e_i = 0$ を用いると, 第 2 項が消えるので,

$$\sum e_i^2 + 2 \sum (\widehat{y}_i - \overline{y}) e_i + \sum (\widehat{y}_i - \overline{y})^2 = \sum e_i^2 + \sum (\widehat{y}_i - \overline{y})^2$$

となる. この式の第 1 項目は, x によって説明できない部分を表しており, 残差平方和 S_e と呼ばれる. 第 2 項目は回帰式による予測値に関する平方和を表しており, 回帰平方和 S_R と呼ばれ, x によって説明できる部分を示している. したがって, 目的変数の偏差平方和 S_T は,

$$S_T = S_R + S_e \tag{12.8}$$

と書くことができる. また, 式 (12.8) の S_R は,

$$S_R = \sum (\widehat{y}_i - \overline{y})^2 = \widehat{b}^2 S_{xx} = \frac{S_{xy}^2}{S_{xx}} \tag{12.9}$$

と計算できる.

ここで, 総平方和に対する回帰平方和の比 $\frac{S_R}{S_T}$ は, 回帰式によって説明できる変動の割合を示しており, **寄与率**（または**決定係数**）と呼ぶ. 寄与率は, 相関係数 r の 2 乗に一致する.

単回帰分析では, 説明変数を 1 つだけ取りあげており, しかも直線的な関係にあるかどうかのみを考えている. したがって, 得られた回帰式の妥当性の検討は比較的容易である. 直線的な関係が当てはまらなかったり, 想定した回帰係数の大きさではなかったり, 回帰係数の符号が不可解な場

合など，想定していなかった回帰式になった場合には，無視したさまざまな要因の影響が出ていると考え，重要な説明変数を見逃している可能性が考えられる．

次に，回帰式が通用する範囲をみる．得られた回帰式は，どのような x についても成り立つかのように得られる．しかし，得られた回帰式によってすべての x に関する y との関係を説明できるとは限らない．あくまでも，データが得られた範囲において 2 つの変数の関係を表していると解釈すべきである．データの範囲外に回帰直線を伸ばして検討することを**外挿**（がいそう）と呼び，その実施に当たっては，統計学以外の専門分野の情報源を用いて慎重に検討すべきである．

12.1.3 残差の検討

残差をさまざまな角度から検討することによって，直線の式を当てはめるのがよかったのかどうかを検討できる．たとえば，2 次曲線や 3 次曲線などを当てはめたほうがよい場合や，何か重要な変数を見落としていて，追加の変数を挙げて，検討することが重要な場合もある．

残差について，以下のさまざまな図を描くことで視覚的に検討する．

① 残差プロット（**Residuals vs Fitted plot**）

誤差が独立に同じ分布に従っているかどうかを確かめるために，横軸に予測値をとり，縦軸に残差をとった散布図を描く．ランダムに散らばっているようにみれば問題ないが，予測値と残差の間に何らかの傾向があれば，見逃している説明変数があることが考えられる．

② SL プロット（**Scale-Locaton**）

残差分散の均一性を確かめるために，横軸に予測値をとり，縦軸に規準化残差の平方根をとった散布図を描く．規準化残差 e_i' は，分散が 1 になるように，残差の値を残差分散の平方根で割った値を $e_i' = \frac{e_i}{\sqrt{V_e}}$ として求めたものである．

③ QQ プロット（**Normal Q-Q plot**）

誤差が標準分布に従っているかどうかを確かめるための散布図であり，仮定を満たす場合には，直線上に点が並んで見える．

④ てこ比のプロット（**Residuals vs Leverage plot**）

回帰式の決定に当たって，大きな影響を与えるデータが含まれていないかどうかを確かめるために散布図を描く．横軸にてこ比をとり，縦軸に規準化残差をとった散布図を描く．散布図には，クック（Cook）の距離が 0，0.5，1 の線が引かれる．

12.1.4 単回帰に関する検定と推定

データにもとづいて計算された単回帰式について，回帰に意味があったかどうかを検討するためには，単回帰式について検定をすることが考えられる．

- $\hat{b} \sim N\left(b, \frac{\sigma^2}{S_{xx}}\right)$ となり，$\hat{a}$ は，平均が a で，分散が $\left(\frac{1}{n} + \frac{\bar{x}^2}{S_{xx}}\right)\sigma^2$ の正規分布に従う．
- S_e については，$\frac{S_e}{\sigma^2} \sim \chi^2(n-2)$ となる．

以上をもとにして，回帰に関する検定と推定についてふれる．

■ 単回帰式の傾きに関する検定

単回帰式に意味があったかどうかを検定するためには，b が 0 かどうかを検定すればよい．すなわち，帰無仮説 H_0 と対立仮説 H_1 を以下のように設定する．

$$H_0 : b = 0$$

$$H_1 : b \neq 0$$

検定統計量 t_0 は,

$$t_0 = \frac{\widehat{b}}{\sqrt{V_e/S_{xx}}} \tag{12.10}$$

であり,自由度 $n-2$ の t 分布に従う.両側検定であるので,

$$|t_0| \geqq t(n-2, \alpha)$$

が成り立つとき,帰無仮説 H_0 は棄却され,対立仮説 H_1 が採択される.

■ 回帰式に関する分散分析

目的変数の偏差平方和 S_T は,

$$S_T = S_R + S_e \tag{12.11}$$

と書くことができ,式 (12.11) の回帰平方和 S_R は,

$$S_R = \sum(\widehat{y_i} - \overline{y})^2 = \widehat{b}^2 S_{xx} = \frac{S_{xy}^2}{S_{xx}} \tag{12.12}$$

と表すことができた.

そこで,データに直線を当てはめたことに意味があったかどうかを検討するには,回帰平方和が残差平方和に対して十分大きいかどうかによって判断できると考えれば,分散分析によってこれを統計的に判断できる.それぞれの平方和に対する自由度は,

$$\phi_T = n - 1$$

$$\phi_R = 1$$

$$\phi_e = \phi_T - \phi_R = n - 2$$

となるので,得られる分散分析表は,表 12.1 となる.

表 12.1　分散分析表

要因	S	ϕ	V	F_0
回帰	$S_R = \frac{S_{xy}^2}{S_{xx}}$	$\phi_R = 1$	$V_R = \frac{S_R}{\phi_R} = S_R$	$\frac{V_R}{V_e}$
残差	$S_e = S_T - S_R$	$\phi_e = n - 2$	$V_e = \frac{S_e}{\phi_e} = \frac{S_e}{n-2}$	
計	$S_T = S_{yy}$	$\phi_T = n - 1$		

すなわち,$F_0 > F(\phi_R, \phi_e; \alpha)$ であれば回帰に意味があったと判断する.

■　単回帰式の母回帰に関する区間推定

母回帰式 μ_0 の $100(1-\alpha)$ ％信頼区間は，

$$\widehat{\mu}_0 \pm t(n-2, \alpha)\sqrt{\left\{\frac{1}{n} + \frac{(x_0 - \overline{x})^2}{S_{xx}}\right\} V_e} \tag{12.13}$$

で求めることができる．式 (12.13) より，信頼区間の幅は，x_0 の値によって変化する．なお，幅が最も小さくなるときは，$x_0 = \overline{x}$ のときであり（このとき，$\frac{(x_0 - \overline{x})^2}{S_{xx}} = 0$），$\widehat{V}(\mu_0) = \frac{\sigma^2}{n}$ である．x_0 が $\overline{x}$ から離れた値をとるほど，$\frac{(x_0 - \overline{x})^2}{S_{xx}}$ の値が大きくなるため，信頼区間の幅は広くなる．

12.1.5　変数変換

単回帰分析を実施する際には，等分散性，すなわち分散が等しいことが条件の 1 つとなっている．一方で，説明変数の値によって，分散が変化することはありうる．たとえば，説明変数の値が大きくなるにつれて，目的変数のばらつきが大きくなるような場合がある．このような場合，分散を安定させる目的で，y の値を変換することがある．これを**変数変換**と呼び，適切な変換をほどこすことで，回帰式の説明能力を上げることができる．

変数変換の方法は，さまざまな変数変換の中から分散 σ^2 と期待値 $E(Y)$ との関係に従って適切な変換方法を選択すればよい．関係と変換式の一部を表12.2 に整理した．しかし，解釈が困難になるほどに試行錯誤してさまざまな変換をするのは，後の利用が困難になると思われるので望ましくない．

表 12.2　さまざまな変数変換

分散 σ^2 と期待値 $E(Y)$ との関係	変換式
$\sigma^2 = $ 一定	$y' = y$
$\sigma^2 \propto E(y)$ 　（分散が期待値に比例する）	$y' = \sqrt{y}$
$\sigma^2 \propto E(y)\{1 - E(y)\}$	$y' = \sin^{-1}\sqrt{y}$
$\sigma^2 \propto \{E(y)\}^2$	$y' = \log(y)$
$\sigma^2 \propto \{E(y)\}^3$	$y' = \frac{1}{\sqrt{y}}$
$\sigma^2 \propto \{E(y)\}^4$	$y' = \frac{1}{y}$

12.2 例題

例題 12.1

A社では，ゴム製品を製造している．表 12.3 は，操業中の製品をとり出し，そのときの加工温度と，製品の硬度を測定したものである．温度と硬度は，数値を変換しているため，単位のない無名数である（data12_1.csv）．

表 12.3 温度と硬度に関するデータ

温度 x	硬度 y
29.7	86.8
17.3	51.4
25.6	73.2
23.0	74.0
27.2	82.3
25.2	75.9
30.1	92.7
27.3	78.5
23.1	70.9
24.3	77.1
27.8	80.9
19.0	53.3
21.0	62.0
27.0	65.2
28.1	86.3
28.3	81.8
23.3	65.0
24.6	68.8
23.9	69.4
23.3	69.0
26.4	78.0
29.5	90.9
25.6	78.2
29.9	84.7
24.8	76.5

(1) 散布図を作成し，得られる情報をまとめよ．

(2) 相関係数，回帰式，残差の分散を求めよ．また，残差の検討を行え．

12.3　結果と見方

12.3.1　例題 12.1 の結果と見方

(1)　散布図の作成

データのグラフ化をすると，以下の図 12.3 のようになる．

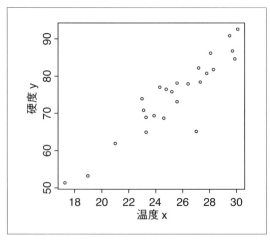

図 12.3　散布図

ここから得られる情報は，

①　全体的な値の傾向は，温度が高くなると硬度が高くなっていることがわかる．

②　外れ値の有無については，温度の低い 2 点が，ほかの点からは離れているように見える．上から 14 番目のデータ（温度 27.0，硬度 65.2）については，硬度が他と比べて低くなっている．ここでは，これらの値については除去せず，このまま解析する．

③　層別の必要性については，よくわからない．

④　調査範囲との関係については，目標とする硬度周辺のデータがそろっているか，現実的な温度の範囲のデータが存在しているかなどを考察する．今回は，背景となる情報がないのでよくわからない．

(2)　相関係数，回帰式，残差の分散の計算と残差の検討

相関係数の計算（11.1 節）　相関係数は，以下となる．

[1] 0.917657

下記の表 12.4 に示す計算補助表にもとづき，

$$S_{xx} = \sum_{i=1}^{n} x_i^2 - \frac{\left(\sum_{i=1}^{n} x_i\right)^2}{n} = 16404.1 - \frac{635.3^2}{25} = 258.8864$$

$$S_{yy} = \sum_{i=1}^{n} y_i^2 - \frac{\left(\sum_{i=1}^{n} y_i\right)^2}{n} = 142915.2 - \frac{1872.8^2}{25} = 2619.966$$

$$S_{xy} = \sum_{i=1}^{n} x_i y_i - \frac{\left(\sum\limits_{i=1}^{n} x_i\right)\left(\sum\limits_{i=1}^{n} y_i\right)}{n} = 48348.8 - \frac{635.3 \times 1872.8}{25} = 757.2164$$

$$r = \frac{S_{xy}}{\sqrt{S_{xx}S_{yy}}} = \frac{757.2164}{\sqrt{258.8864 \times 2619.966}} = 0.918$$

相関係数は 0.918 となり，強い相関がありそうである．

表 12.4 計算補助表

温度 x	硬度 y	x^2	y^2	xy
29.7	86.8	882.1	7534.2	2578.0
17.3	51.4	299.3	2642.0	889.2
25.6	73.2	655.4	5358.2	1873.9
23.0	74.0	529.0	5476.0	1702.0
27.2	82.3	739.8	6773.3	2238.6
25.2	75.9	635.0	5760.8	1912.7
30.1	92.7	906.0	8593.3	2790.3
27.3	78.5	745.3	6162.3	2143.1
23.1	70.9	533.6	5026.8	1637.8
24.3	77.1	590.5	5944.4	1873.5
27.8	80.9	772.8	6544.8	2249.0
19.0	53.3	361.0	2840.9	1012.7
21.0	62.0	441.0	3844.0	1302.0
27.0	65.2	729.0	4251.0	1760.4
28.1	86.3	789.6	7447.7	2425.0
28.3	81.8	800.9	6691.2	2314.9
23.3	65.0	542.9	4225.0	1514.5
24.6	68.8	605.2	4733.4	1692.5
23.9	69.4	571.2	4816.4	1658.7
23.3	69.0	542.9	4761.0	1607.7
26.4	78.0	697.0	6084.0	2059.2
29.5	90.9	870.3	8262.8	2681.6
25.6	78.2	655.4	6115.2	2001.9
29.9	84.7	894.0	7174.1	2532.5
24.8	76.5	615.0	5852.3	1897.2
合計 635.3	1872.8	16404.1	142915.2	48348.8

単回帰式の算出　単回帰式は，以下となる．

計算補助表にもとづき，

$$\widehat{b} = \frac{S_{xy}}{S_{xx}} = \frac{757.2164}{258.8864} = 2.914$$

$$\widehat{a} = \overline{y} - \frac{S_{xy}}{S_{xx}}\overline{x} = \frac{1872.8}{25} - \frac{757.2164}{258.8864} \times \frac{635.3}{25} = 0.870$$

したがって，求める回帰式は，

$$y = 0.870 + 2.914x$$

である．

R を用いた回帰分析の結果は以下のように得られる.

```
Residuals:
     Min      1Q  Median      3Q     Max
-14.3389  -1.9130  0.1235  2.7402  6.1157


Coefficients:
            Estimate Std. Error t value Pr(>|t|)
(Intercept)   0.8705     6.7390   0.129    0.898
x             2.9136     0.2631  11.075 1.08e-10 ***
---
Signif. codes: 0 '***' 0.001 '**' 0.01 '*' 0.05 '.' 0.1 ' ' 1

Residual standard error: 4.241 on 23 deqrees of freedom
Multiple R-squared:  0.8421,    Adjusted R-squared:  0.8352
F-statistic: 122.7 on 1 and 23 DF, p-value: 1.077e-10
```

表 12.5　分散分析表

要因	S	ϕ	V	F_0
回帰	2206.259	1	2206.259	122.6566
残差	413.708	23	17.987	
計	2619.966	24		

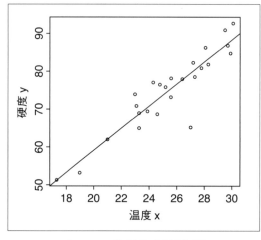

図 12.4　散布図 (回帰直線)

残差の計算　残差は,

$$e_i = y_i - \widehat{y_i} = y_i - \widehat{a} - \widehat{b}x_i$$

として求められる. 表 2.3 の No.1 (1 つ目のデータ) の残差は,

$$e_1 = 86.8 - 0.870 - 2.914 \times 29.7 = -0.61$$

となる.

　図 12.5 から, 正規分布ではなさそうであり, 離れた値が 1 つ (14 番目のデータ) 見受けられる. -3σ を超えており, 外れ値があるといえる. 求めた単回帰式をそのまま使うのは難しそうである. そこで, 外れ値と思われる 14 番目のデータの 1 点をとり除いて, 回帰式を再度求める.

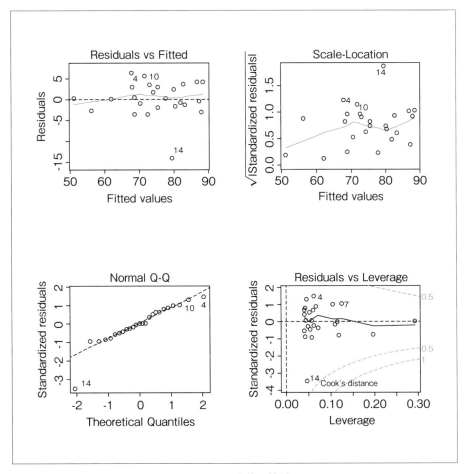

図 12.5　残差の検討

単回帰式の再計算（12.1 節参照）　14 番目のデータの点をとり除いて，相関係数を求めると，

$$r = 0.960$$

相関係数は 0.960 となり，強い相関がありそうである．回帰式から外れる点をとり除いたため，相関係数は大きく上昇した．

回帰式は，

$$y = -0.869 + 3.006x$$

となった．外れ値をとり除く前の回帰式の $y = 0.870 + 2.914x$ からは大きく変化した．

残差の検討を実施すると，回帰は全体的に成り立っているように見えるので，この式を用いることにする．

```
Residuals:
    Min     1Q  Median     3Q    Max
-4.3058 -2.4700 -0.2105 2.4267 5.7345


Coefficients:
            Estimate Std. Error t value  Pr(>|t|)
(Intercept)  -0.8689     4.7722  -0.182     0.857
x2            3.0058     0.1867  16.097  1.18e-13 ***
---
Signif. codes: 0 '***' 0.001 '**' 0.01 '*' 0.05 '.' 0.1 ' ' 1


Residual standard error: 2.995 on 22 deqrees of freedom
Multiple R-squared:  0.9217,    Adjusted R-squared:  0.9182
F-statistic: 259.1 on 1 and 22 DF, p-value: 1.177e-13
```

12.4 Rによる結果の出し方

12.4.1 例題12.1のRによる操作手順

はじめにRにデータを読み込む。表12.3のデータはdata12_1.csvファイルに保存されているため，read.csv関数を利用する。このとき，変数名も定義しておくと，後の分析で変数の指定が楽になる。

```
> data12_1 <- read.csv("data12_1.csv")
x <- data12_1$x
y <- data12_1$y
```

```
# data12_1.csv を読み込み，「data12_1」と名付ける
# data12_1.csv の変数 x を「x」と名付ける
# data12_1.csv の変数 y を「y」と名付ける
```

(1) 散布図

散布図は plot 関数を用いる。

```
> plot(x,y)
```

```
# x と y の散布図を作成する
```

(2) 相関係数，回帰式，残差の分散の計算と残差の検討

相関係数　cor 関数を使用する。

```
> cor(x,y)
```

```
# x と y の相関係数を計算する
```

単回帰式　単回帰式を作成するには lm 関数を使用する。

```
> result <- lm(formula=y~x)
> result
> summary(result)
```

```
# y を目的変数，x を説明変数とする単回帰分析を行い「result」と名付ける
# result の結果を返す
# result の分析結果の要約を表示する
```

残差プロット　残差検討のために plot 関数を用いて残差プロットを作成する。

```
> plot(result)
```

```
# result の残差プロットを作成する
```

練習問題

12.1　11.5 節の練習問題のデータ（data11_2.csv）について，以下の問いに答えよ．

表 12.6　売上と気温と天気のデータ（表 11.4 の再掲）

No.	売上 y	温度 x	天気
1	52	27.3	0
2	56	27.9	1
3	62	27.7	1
4	50	27.0	1
5	64	28.1	0
6	70	28.0	0
7	70	28.5	1
8	78	28.2	0
9	78	28.6	0
10	74	29.0	1
11	60	28.0	0
12	82	28.9	0
13	70	28.4	1
14	82	28.9	0
15	86	28.7	0
16	84	29.3	0
17	84	29.9	1
18	88	29.2	0
19	90	29.6	1
20	94	30.0	1
21	98	29.5	0
22	98	30.7	1
23	98	30.3	0
24	80	29.0	1
25	104	30.3	0
26	106	30.7	1
27	100	30.0	0
28	110	30.6	1
29	108	31.0	1
30	120	31.0	0

(1)　全体データの回帰式を求めよ．

(2)　残差の検討を行え．

第13章　重回帰分析

13.1　手法の概要

13.1.1　重回帰分析とは

第12章における単回帰分析は，目的変数 y に対して，説明変数 x を1つとりあげ，両者の関係を明らかにしている．本章では，説明変数を2つ以上とりあげて関係を明らかにする手法である**重回帰分析**について述べる．

重回帰分析とは，

$$y = a + b_1 x_1 + b_2 x_2 + \cdots + b_p x_p + \varepsilon \tag{13.1}$$

という構造式について，$a, b_1, b_2, \ldots, b_p$ の値を決めることである．単回帰分析における式 (12.2) と同様に，式 (13.1) において y は目的変数，$x_1, x_2, \ldots, x_p$ は説明変数と呼ぶ．

単回帰分析で用いていた呼び方と少し異なり，a は**定数項**と呼ばれ，$b_1, b_2, \ldots, b_p$ は**偏回帰係数**と呼ぶ．この関係式を求め，目的変数 y の値がどのようになるのかを計算したり，それぞれの説明変数の影響の大きさを分析したりする．

重回帰分析は，説明変数に偏回帰係数の値を掛けたものの和という形で表現されているが，たとえば，

$$y = a + b_1 x_1 + b_2 x_1^2 + \varepsilon$$

という関数も表現できる（$x_2 = x_1^2$ として説明変数を作っていると考えればよい）．三角関数や指数関数なども使って複雑な関係を表すことができる．これは，分散の安定化を目的とした変数変換をして，説明変数を複数準備しているものと同様であると考えてよい．

単回帰分析と同様に，誤差 ε には以下の仮定をおいている．

(1)　期待値が0　（不偏性ともいう）$E(\varepsilon) = 0$
(2)　等分散性　　分散が一定で，$V(\varepsilon) = \sigma^2$
(3)　独立性　　　互いに独立である
(4)　正規性　　　正規分布に従う

重回帰式の回帰係数を求めるためには，単回帰分析と同様に構造式を設定して，目的変数 y の予測値と実際のデータの差が小さくなるようにすればよい．すなわち，式 (13.1) の

$$y = a + b_1 x_1 + b_2 x_2 + \cdots + b_p x_p + \varepsilon$$

という構造式を想定すると，回帰係数を定めたときに，i 番目の目的変数 y_i は，

$$\widehat{y_i} = \widehat{a} + \widehat{b_1} x_{i1} + \widehat{b_2} x_{i2} + \cdots + \widehat{b_p} x_{ip} \tag{13.2}$$

と推定することができる．残差は，

$$e_i = y_i - \widehat{y_i} \qquad (13.3)$$

と求めることができ，残差の 2 乗の合計（残差平方和）を最小化する.

残差平方和 S_e は，それぞれの 2 乗の合計であり，データの組合せが n 組あるので，

$$S_e = \sum_i^n (y_i - \widehat{a} - \widehat{b_1} x_{i1} - \widehat{b_2} x_{i2} - \cdots - \widehat{b_p} x_{ip})^2 \qquad (13.4)$$

と書ける. 式 (13.4) で求められる残差平方和 S_e を最小にする $\widehat{a}, \widehat{b_1}, \widehat{b_2}, \ldots, \widehat{b_n}$ を求めるために，$\widehat{a}, \widehat{b_1}, \widehat{b_2}, \ldots, \widehat{b_n}$ それぞれで偏微分すると，

$$\widehat{a} \sum_i^n (1) + \widehat{b_1} \sum_i^n x_{i1} + \widehat{b_2} \sum_i^n x_{i2} + \cdots + \widehat{b_n} \sum_i^n x_{ip} = \sum_i^n y_i$$

$$\widehat{a} \sum_i^n x_{i1} + \widehat{b_1} \sum_i^n x_{i1}^2 + \widehat{b_2} \sum_i^n x_{i1} x_{i2} + \cdots + \widehat{b_n} \sum_i^n x_{i1} x_{ip} = \sum_i^n x_{i1} y_i$$

$$\vdots$$

$$\widehat{a} \sum_i^n x_{ip} + \widehat{b_1} \sum_i^n x_{i1} x_{ip} + \widehat{b_2} \sum_i^n x_{i1} x_{ip} + \cdots + \widehat{b_n} \sum_i^n x_{ip}^2 = \sum_i^n x_{ip} y_i$$

と整理できる. この連立方程式を**正規方程式**と呼ぶ. 正規方程式の解が $\widehat{a}, \widehat{b_1}, \widehat{b_2}, \ldots, \widehat{b_n}$ の値となる.

2 変数間の直線的な関係の強さを定量的に表す尺度として，相関係数をとりあげた. ここでは，y_α とそのときの予測値 $\widehat{y_\alpha}$ との相関係数を考える. 回帰によってどの程度説明できたかを示す，もう 1 つの指標であるといえる. これを**重相関係数**と呼び，R で表す.

$$R = \frac{\sum_\alpha^n (y_\alpha - \overline{y})(\widehat{y_\alpha} - \overline{y})}{\sqrt{\sum_\alpha^n (y_\alpha - \overline{y})^2 \sum_\alpha^n (\widehat{y_\alpha} - \overline{y})^2}}$$

と書ける. 分子は，S_R に一致するので，

$$R = \sqrt{\frac{S_R}{S_T}} = \sqrt{1 - \frac{S_e}{S_T}}$$

とも書ける. これを 2 乗した値は，y の変動のどの程度を p 個の説明変数で説明できているかの割合を示したものであり，**寄与率**（または**決定係数**）と呼ぶ.

相関係数は，マイナスの値をとることがあったが，重相関係数は 0 から 1 までの範囲をとり，寄与率も 0 から 1 までの範囲をとる. しかし，ここで 1 つ注意が必要である. 重相関係数も寄与率も，回帰平方和 S_R の値の大きさが重要である. この回帰平方和 S_R は，回帰に導入する説明変数の数が多くなれば，仮に追加した変数が y の説明にはまったく寄与していない場合においても，常に増えてしまい，全体平方和 S_T に近づいてしまう. 説明変数の数 p が，$p = n - 1$ に達したときには，$S_R = S_T$ となり，常に重相関係数は 1 となる.

$p = n - 1$ に近いとき，すなわち，データに対して説明変数が多いときには，重相関係数が大きくなってしまう. これを避けるためには，回帰平方和と総平方和の比を求めるのではなく，それぞれの平方和をそれぞれの自由度で割って，分散の比として求めるのがよい. すなわち，誤差分散

$$V_e = \frac{S_e}{n - p - 1}$$

と，全体の分散

$$V_T = \frac{S_T}{n-1}$$

を用いて，自由度調整済み重相関係数として R^* を用いて評価できる.

$$R^* = \sqrt{1 - \frac{V_e}{V_T}} = \sqrt{1 - \frac{S_e/n - p - 1}{S_T/n - 1}}$$

また，その 2 乗を，自由度調整済み寄与率として R^{*2} と書くことがある.

さらに，自由度で調整した値 R^{**} を自由度二重調整済み相関係数，および自由度二重調整済み寄与率と呼び，これを当てはまりの良さの指標とすることもある.

$$R^{**} = \sqrt{1 - \frac{(n+p)V_e}{(n+1)V_T}}$$

重回帰分析では，複数の説明変数の全体で目的変数を説明している点が異なる．単回帰分析と大きな違いはないように見えるが，それぞれの説明変数に対する偏回帰係数の解釈が困難になる．単回帰式では，回帰係数の符号や大きさを調べることによって，説明変数がどの程度目的変数に影響しているかの大きさを見積もることができた．しかし，重回帰式においては，同様の議論ができない．なぜなら，重回帰分析においては説明変数間には相関がある場合が多いためである．たとえば，説明変数が 2 つの場合，すなわち，$p = 2$ として，$\hat{y} = \hat{a} + \hat{b_1}x_1 + \hat{b_2}x_2$ を考えてみる.

単回帰式における回帰係数の解釈では，x_1 が 1 変化するときに，それにともなって y が $\hat{b_1}$ だけ変化すると見てよさそうである．しかし，変数間に相関がある場合には，x_1 が 1 変化するときには，x_2 もそれにともなって変化し，y が変化してしまう．このように，重回帰式における偏回帰係数は，単独では解釈することが難しくなる．この変化の現れ方の程度によっては，符号が反転してしまうこともある.

13.1.2 変数選択

これまでは，対象となる説明変数をすべて用いて重回帰分析を実施している．すなわち，ある程度のメカニズムを把握した上で，それぞれの説明変数は目的変数に影響を与えているだろうという想定のもとに，それぞれの説明変数が目的変数に与える影響の強さを偏回帰係数として求めるための流れであった．一方で，手元のデータをもとにして，どれが説明変数として有効であるのか明らかでない場合にも重回帰分析を実施することがある．これは，どの説明変数が目的変数に大きな影響を与えているのかを明らかにしながら分析を進めていく場合である.

このような場合には，試行錯誤しながら，重回帰式を作成する対象となる説明変数の組合せを選択し，重回帰式を作成して，その式の善し悪しを判断しながら作成する必要がある．どの説明変数を用いて回帰式を構成するとよいかを示すための判断基準があれば，その判断基準をもとにして段階的に回帰式を探索することができる．このような探索方法を変数増減法と呼び，R では，その判断基準に AIC（Akaike's Information Criterion）を用いている．AIC は以下の式で表され，値が低いほうがよい.

$$AIC = -2\log(最大尤度) + 2 \times モデルのパラメータ数$$

13.1.3 質的な変数を含む重回帰分析

回帰分析を実施する際に，性別や天気（晴れ・曇り・それ以外）など，量的な変数ではなく質的な変数の影響を考慮したいことがある．機械が 2 台あるときに 1 号機と 2 号機でそれぞれ別々の回帰式を求めることもできるが，機械の違いを重回帰式の説明変数としてとり入れることもできる．他

の説明変数と同様に扱うためには，数量化が必要である．このよう変数を量的に表すために，ダミー変数を用いて表す．たとえば，1 号機のときは 0，2 号機のときは 1 として解析する．

すなわち，

$$x = 0$$

$$x = 1$$

と機械に応じた値を割り当てることによって，このときの回帰係数を求める．

このようなダミー変数を導入することで，水準ごとの違いを表すことができる．しかし，水準によって回帰係数の値が異なるときは表すことができない．

13.1.4　多重共線性

日々の操業データから回帰式を作成する場合には，説明変数の間に関係がある場合がある．たとえば，ヒトの身長と体重の間には，正の相関が存在すると考えるのがふつうである．このように，説明変数間で相関がある場合には，重回帰分析が困難になることがある．ある程度の相関関係があっても，重回帰式を求めることができ，予測に用いることができるが，説明変数間の相関が強すぎると，回帰式を正しく求めることができない．説明変数同士の相関が強い状況を，**多重共線性**があるという．多重共線性がある場合の具体的な問題としては，

(1)　解析式全体としては有意であるが，個別の説明変数に対する回帰係数が有意でない．

(2)　技術的には意味のあると思われる説明変数についての回帰係数が有意でなかったり，正負の符号が逆だったり，値が大きく異なる．

(3)　データの値のわずかな変化や，一部のデータが削除された場合，また一部の説明変数を追加・削除した場合に，回帰係数の推定値が大きく異なる．

(4)　得られた回帰式を予測に用いた場合に，データの相関関係が少し異なるだけでもまったく役に立たなくなってしまう．

多重共線性は，求めた重回帰式に問題があるというよりは，解析の対象となっているデータの問題といえる．すなわち，データの中に，相関の強すぎる説明変数が混じっているか否かを検討して，対処することが必要である．したがって，回帰式を求める前に，説明変数間の関係をよく検討し，相関係数に着目することによって発見できる．2 つの説明変数間の相関については，このようにして検討できるが，3 つ以上の変数間に相関が強い場合においても，多重共線性は発生してしまうので，その点は注意が必要である．

相関が強い説明変数同士を発見できたら，追加でデータをとることができる場合には，相関が弱くなるような範囲のデータを実験的に追加することが考えられる．しかし，固有技術的に考えて意味がないような範囲を検討することになってしまっては分析の意味がない．追加のデータをとることが困難である場合や意味がないと思われる場合には，相関のある変数のグループの意味を十分に考えて取捨選択することが考えられる．すなわち，説明変数を一部除去した上で回帰式を作成すればよい．または，意味を考えることで，それらの説明変数の値の平均をとるなどして 1 つの説明変数にまとめることも考えられるし，それらの共通点を考えることによって，本質的な説明変数を考えることもできるかもしれない．説明変数間の関係を考察するために，クラスタ分析や主成分分析を経て分析することもある．

13.2 例題

　ある工程の収量を目的変数として，温度と濃度を説明変数としてとりあげたときの回帰式を求める．データは表 13.1 に示す．この表のデータをもとに，重回帰分析を用いて解析する（data13_1.csv）．

表 13.1　温度と濃度と収量に関するデータ

No.	収量 y	温度 x_1	濃度 x_2
1	123.4	69.8	59.8
2	125.6	68.9	59.8
3	106.5	63.7	54.3
4	105.3	65.5	54.0
5	128.7	73.0	61.9
6	122.8	79.6	68.2
7	108.3	63.5	53.0
8	138.2	78.3	63.7
9	87.7	59.0	49.5
10	109.1	56.6	49.6
11	139.3	83.0	70.5
12	131.2	81.8	65.9
13	99.5	61.3	50.8
14	115.1	79.4	66.1
15	124.2	78.0	64.1
16	101.9	58.0	50.3
17	100.4	69.2	50.6
18	138.6	80.4	64.2
19	94.8	64.2	57.7
20	124.5	87.8	53.2
21	123.8	73.5	52.6
22	103.2	55.6	60.9
23	122.7	64.1	59.6
24	96.2	42.5	50.8
25	116.2	77.6	57.0
26	111.1	72.1	49.6
27	103.1	53.4	57.4
28	112.8	66.1	49.3
29	85.8	47.8	69.1
30	124.6	74.7	51.5

　このデータでは，$n = 30$ であり，説明変数の数を 2 つとして，

$$y_i = a + b_1 x_{1i} + b_2 x_{2i} + \varepsilon_i$$

という構造式を仮定して，それぞれの値を求めることで関係式を求める．

- (1) 基本統計量を計算せよ．
- (2) 相関係数を求めよ．
- (3) 散布図を作成せよ．
- (4) 重回帰式を作成せよ．
- (5) 変数選択を実行せよ．

13.3　結果と見方

13.3.1　例題 13.1 の結果と見方

(1)　基本統計量

重回帰分析を実施する前に，それぞれの基本的な統計量の値や散布図は以下の表 13.2 である．

表 13.2　各変数の基本統計量

変数	y	x_1	x_2
最小値	Min.　：85.8	Min.　：42.50	Min.　：49.30
第 1 四分位	1st Qu.：103.1	1st Qu.：61.85	1st Qu.：50.98
中央値	Median：114.0	Median：69.05	Median：57.20
平均値	Mean　：114.2	Mean　：68.28	Mean　：57.50
第 3 四分位	3rd Qu.：124.4	3rd Qu.：77.90	3rd Qu.：63.25
最大値	Max.　：139.3	Max.　：87.80	Max.　：70.50

(2)　相関係数

相関係数は以下となる．

```
         y          x1         x2
y  1.0000000 0.8012043 0.4630364
x1 0.8012043 1.0000000 0.3748462
x2 0.4630364 0.3748462 1.0000000
```

(3)　散布図

温度 x_1 と濃度 x_2 の散布図，温度 x_1 と収量 y の散布図，濃度 x_2 と収量 y の散布図を図 13.1 に示す．

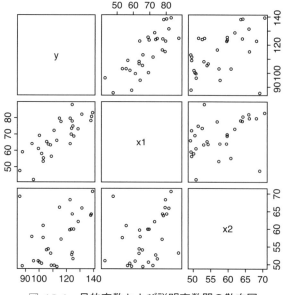

図 13.1　目的変数および説明変数間の散布図

(4) 重回帰分析

重回帰式は以下の通りである.

```
Coefficients:
(Intercept)     x1      x2
    23.3653 0.9791 0.4163
```

重回帰式は,

$$y = 23.365 + 0.979x_1 + 0.416x_2$$

となる.

回帰式に意味があったかどうかを検討するために, 分散分析を実施すると, 表 13.3 が得られた.

```
Residual standard error: 8.738 on 27 degrees of freedom
Multiple R-squared:  0.6727,    Adjusted R-squared: 0.6485
F-statistic: 27.75 on 2 and 27 DF, p-value: 2.826e-07
```

表 13.3　分散分析表

要因	S	ϕ	V	F_0
回帰	4237.199	2	2118.600	27.750**
残差	2061.313	27	76.345	
計	6298.512	29		

有意になったので, 回帰には意味があったといえる. 誤差分散は 76.345 となった. 寄与率は $R^2 = 0.673$ であった (Adjusted R-squared：0.6485).

```
Residuals:
     Min      1Q Median     3Q      Max
-15.4484 -6.3420 0.5493 6.7586 11.7585

Coefficients:
            Estimate Std. Error t value Pr(>|t|)
(Intercept) 23.3653    14.9623   1.562    0.130
x1           0.9791     0.1592   6.149 1.43e-06 ***
x2           0.4163     0.2612   1.594    0.123
---
Signif. codes:  0 '***' 0.001 '**' 0.01 '*' 0.05 '.' 0.1 ' ' 1

Residual standard error: 8.738 on 27 degrees of freedom
Multiple R-squared:  0.6727,    Adjusted R-squared: 0.6485
F-statistic: 27.75 on 2 and 27 DF, p-value: 2.826e-07
```

(5)　変数選択

モデルから変数を 1 つ除外した場合と変数を除外しない場合の分析を全通り行い，各結果の AIC を比較する．

```
Start:  AIC=132.9
y ~ x1 + x2

       Df Sum of Sq    RSS    AIC
<none>              2061.3 132.90
- x2    1    194.01 2255.3 133.59
- x1    1   2886.78 4948.1 157.17


Call:
lm(formula = y ~ x1 + x2)

Coefficients :
(Intercept)        x1       x2
    23.3653    0.9791   0.4163
```

13.4　R による結果の出し方

13.4.1　例題 13.1 の R による操作手順

はじめに R にデータを読み込む．表 13.1 のデータは data13_1.csv ファイルに保存されているため，read.csv 関数を利用する．このとき，変数名も定義しておくと，後の分析で変数の指定が楽になる．

```
> data13_1 <- read.csv("data13_1.csv")
> x1 <- data13_1$x1
> x2 <- data13_1$x2
> y <- data13_1$y
```

```
# data13_1.csv を読み込み，「data13_1」と名付ける
# data13_1.csv の変数 x1 を「x1」と名付ける
# data13_1.csv の変数 x2 を「x2」と名付ける
# data13_1.csv の変数 y を「y」と名付ける
```

(1)　基本統計量

重回帰式を作成する前に，それぞれの変数の分布を確認するため，基本統計量を算出するには，summary 関数を利用する．

```
> summary(data13_1)
```

data13_1 の要約統計量を求める

(2) 相関係数

cor 関数を使用する.

```
> cor(data13_1)
```

data13_1 の相関行列を求める

(3) 散布図

変数間の関係を可視化するためには,散布図を用いる.複数の散布図を作成するには,**pairs** 関数を用いるとよい.

```
> pairs(data13_1)
```

data13_1 の散布図行列を作成する

(4) 重回帰分析

重回帰式を作成する.単回帰式の作成と同様に,lm 関数を使用する.回帰残差の検討は,plot 関数で実施する.

```
> result <- lm(formula=y~x1+x2)
> result
> summary(result)
> plot(result)
```

y を目的変数, x1 と x2 を説明変数とする重回帰分析を行い「result」と名付ける
result の結果を返す
result の重回帰分析結果の要約を表示する
result の残差プロットを作成する

(5) 変数選択

変数選択を実行するには **step** 関数を用いる.

```
> step(result)
```

result の変数選択を実行する

練習問題

13.1 ある工程の加工後の強度に何が影響するのかを分析することにした．強度の規格は，15以上50以下である．加工条件のうち，強度に関連すると考えられた5つの要因をとりあげた．温度，密度，時間，圧力は連続量である．メーカーは，A社またはB社である．これらのデータは，変換後の値であり，無名数である．表13.5に収集したデータを示す（data13_2.csv）．

表 13.4 収集したデータ

No.	強度	温度	密度	メーカー	時間	圧力
1	28.2	2.5	0.0	A	3.1	17.6
2	32.7	0.6	−0.5	B	17.2	7.9
3	35.1	2.9	2.8	A	8.7	13.9
4	33.9	3.5	3.8	B	10.5	13.3
5	36.1	9.1	−1.4	A	3.5	19.0
6	28.8	6.6	−1.9	B	5.6	17.8
7	52.0	6.7	−0.2	A	12.8	11.3
8	22.4	9.5	−8.1	B	9.7	14.6
9	26.7	7.3	−5.8	A	11.7	11.9
10	24.0	2.1	−0.3	B	−0.3	22.5
11	24.0	7.7	−0.3	A	12.0	11.5
12	20.9	1.0	0.4	B	11.2	11.9
13	35.3	2.7	−1.8	A	15.0	8.1
14	19.7	4.2	−1.7	B	9.5	13.1
15	35.7	1.7	2.0	A	20.4	4.3
16	37.0	2.2	1.6	B	11.9	12.3
17	26.3	5.9	−4.6	A	10.6	11.7
18	42.7	8.6	1.4	B	14.0	10.8
19	17.9	7.1	−6.5	A	−6.3	26.5
20	21.2	7.7	−2.9	B	2.9	18.0
21	31.6	1.1	1.7	A	13.8	9.4
22	22.4	3.6	−3.1	B	13.7	10.0
23	27.9	8.3	−5.7	A	−2.8	22.9
24	32.5	7.8	−0.2	B	10.7	12.1
25	18.3	9.3	−8.4	A	10.3	12.6
26	10.6	7.9	−6.6	B	2.7	19.2
27	36.8	1.7	−1.2	A	9.6	13.6
28	33.5	2.9	−0.3	B	16.2	7.3
29	33.0	4.3	4.9	A	5.0	16.6
30	20.0	3.8	1.1	B	10.1	12.9
31	28.4	3.9	−2.8	A	12.8	11.7
32	37.1	3.0	2.0	B	20.3	4.3
33	33.4	5.2	−2.5	A	14.7	10.5
34	46.8	4.1	5.3	B	24.4	2.1
35	22.0	6.5	−1.7	A	−0.7	21.8
36	29.1	5.4	4.0	B	16.5	7.1
37	29.6	6.1	−3.2	A	12.6	12.0
38	33.8	4.2	3.4	B	5.4	17.3
39	46.2	1.7	1.9	A	19.8	4.5
40	56.6	2.8	6.2	B	24.7	2.7

(1) 目的変数および説明変数の基本統計量を計算せよ．

(2) 変数増減法を用いて，重回帰式を作成せよ．

(3) 残差の検討をせよ．

【補注】 性別のように数値で表現できないような質的変数であっても，ダミー変数と呼ばれる方法を使って，説明変数として使用することができる．たとえば，男ならば0，女ならば1（あるいは男ならば1，女ならば0）というように数値化して回帰分析に利用するのである．

第14章　ノンパラメトリック法

14.1　手法の概要（Wilcoxon検定）

14.1.1　ノンパラメトリック法の適用

　データの数が少なく母集団の分布を特定できない場合や，外れ値（異常に飛び離れた値）が存在しているようなときには，特定の分布を仮定しない解析方法であるノンパラメトリック法と呼ばれる方法が有効である．ノンパラメトリック法には目的に複数の手法がある．

　ノンパラメトリック法の特色は，データを順位値（データを大小の順で並び替えたときの順位）に変換し，順位値を解析の対象とするところにある．順位値に変換することで，もとのデータの分布を問題としないで解析できるようにしている．

　ノンパラメトリック法は，以下のような場面で適用される．

① 　母集団のデータが正規分布に従っていないとき

② 　外れ値を含めた解析を行いたいとき

③ 　得られるデータが順位値であるとき

④ 　得られるデータが順序尺度のデータであるとき

　ノンパラメトリック法は，データが正規分布に従っていないときに有効な手法であるが，正規分布に従っているデータに対しても適用することができる．ただし，ノンパラメトリック法は，正規分布を仮定した手法に比べて，検出力（本当は差がある状態を正しく有意とする確率）が低下することに留意して使う必要がある．

14.1.2　ノンパラメトリック法の種類

　ノンパラメトリック検定には以下のような手法がある．

(1)　**2群の中心位置の比較**

　　データに対応がない場合

① 　Wilcoxon 検定（Mann-Whitney 検定）

② 　中央値検定

　　データに対応がある場合

③ 　Wilcoxon の符号付順位検定

④ 　符号検定

(2)　**3群以上の中心位置の比較**

　　データに対応がない場合

⑤ 　Kruskal-Wallis 検定

⑥ 　中央値検定

　　データに対応がある場合

⑦　Freidman 検定

以上ですべてではなく，ほかにも多数ある.

14.1.3　Wilcoxon 検定（Mann-Whitney 検定）の適用

　Wilcoxon（ウィルコクソン）検定は，2 つの母平均の差の t 検定に対応するノンパラメトリック検定である. 2 つの母平均の差の t 検定は，2 つの独立した標本における平均値の差に関する検定であるが，データが正規分布に従っていると仮定できるような状況で用いられる. したがって，正規分布を仮定できない場合には不適切である. このようなときに使われる検定方法が Wilcoxon 検定である. なお，この検定は **Mann-Whitney**（マン–ウィットニー）**検定**と紹介されることもある.

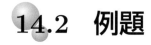

14.2　例題

例題 14.1

次のデータはある商品 A の満足度を以下のような 5 段階で評価した結果である.

表 14.1　**データ表**

男	女
5	3
4	1
3	2
5	4
4	3
5	2
3	2
2	1
1	4
5	3
4	2
1	3
5	3
2	4
4	5
3	3
4	2
4	1
4	3
5	4

5　非常に満足
4　満足
3　どちらともいえない
2　不満
1　非常に不満

(1)　データを棒グラフでグラフ化せよ.

(2)　男女で満足度で差があるといえるか検定せよ.

14.3 結果と見方

14.3.1 適用する手法と検定の仮説

この例題のデータは 5 段階評価により得られる順序尺度のデータであるから，ノンパラメトリック法の Wilcoxon 検定を適用する．

仮説は次のようになる．

帰無仮説 H_0：男と女の分布の中心位置は等しい

対立仮説 H_1：男と女の分布の中心位置は異なる

14.3.2 グラフ化

男

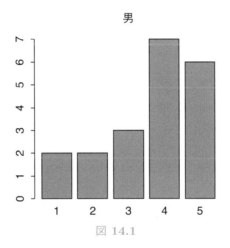

図 14.1

女

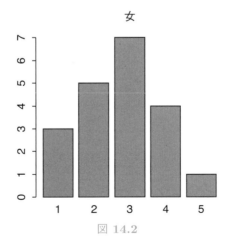

図 14.2

男のほうが女よりも満足度が高い傾向にある．

14.3.3 Wilcoxon 検定の結果

```
        Wilcoxon rank sum test with continuity correction
data: m and f
W=284.5,  p-value=0.01984
alternative hypothesis: true location shift is not equal to 0

警告メッセージ：
In wilcox.test.default(m,f,paired=FALSE):
    タイがあるため，正確な p 値を計算することができません
```

$$p \text{ 値} = 0.01984 < 0.05$$

であるから，帰無仮説は棄却される．すなわち，男性と女性の分布の中心位置に差があるといえる．

なお，例題 14.1 には同じ値のデータ（タイという）があるので，「タイがあるため，正確な p 値を計算することができません」という警告メッセージが出ている．これは p 値の値が精密ではない（誤りというわけではない）ことを示している．

14.4 Rによる結果の出し方

14.4.1 データの入力

```
> m <- c(5,4,3,5,4,5,3,2,1,5,4,1,5,2,4,3,4,4,4,5)
> f <- c(3,1,2,4,3,2,2,1,4,3,2,3,3,4,5,3,2,1,3,4)
```

男のデータを m，女のデータを f とする．

14.4.2 グラフ化

```
> mtable <- table(m)
> ftable <- table(f)
> barplot(mtable,main="男")
> barplot(ftable,main="女")
```

14.4.3 Wilcoxon 検定

Wilcoxon 検定には **wilcox.test** 関数を使用する．paired=FALSE は対応のないデータであることを示している．

```
> wilcox.test(m,f,paired=FALSE)
```

Wilcoxon 検定において，正確な p 値を求めるには，exact オプションを使用し，wilcox.exact(m, f, paired=FALSE, exact=TRUE) とすればよい．ただし，タイ値（同じ値）が 1 つでもある場合には，このオプションをつけても無効となる．この関数を使用するには，事前にパッケージ exactRankTests を読み込む必要がある．

14.5 手法の概要（Wilcoxon符号付順位検定）

14.5.1 対応があるデータ

t検定ではデータに対応がないときと，あるときではp値の計算方法を変える必要があった．ノンパラメトリック法においても同様にデータに対応があるかないかで，適用する検定手法を変える必要がある．

14.5.2 対応があるときのノンパラメトリック法

対応のあるデータのときには**Wilcoxon符号付順位検定**と呼ばれる方法で検定する．t検定と対比させると，次のようになる．

データに対応がないとき

Student（またはWelch）のt検定 $\implies$ Wilcoxon検定

データに対応があるとき

対応のあるt検定 $\implies$ Wilcoxon符号付順位検定

14.6 例題

例題 14.2

次のデータはある商品 A と B の満足度を以下のような5段階で評価した結果である．各人が A と B の両方を評価している．すなわち，同一人物が A も B も評価していることになる．

A と B の評価に違いがあるかどうか検定せよ．

表 14.2 データ表

評価者	A	B
1	3	4
2	5	5
3	4	5
4	2	3
5	3	4
6	1	1
7	2	1
8	1	3
9	3	4
10	4	5
11	3	4

5 非常に満足

4 満足

3 どちらともいえない

2 不満

1 非常に不満

14.7　結果と見方

14.7.1　適用する手法と検定の仮説

この例題のデータは 5 段階評価により得られる順序尺度のデータであり，かつ，対応のあるデータであるから，ノンパラメトリック法の Wilcoxon 符号付順位検定を適用する．

14.7.2　適用する手法と検定の仮説

仮説は次のようになる．

帰無仮説 H_0：A と B の分布の中心位置は等しい

対立仮説 H_1：A と B の分布の中心位置は異なる

14.7.3　Wilcoxon の符号付順位検定の結果

Wilcoxon 符号付順位検定を適用すると，次のような結果が得られる．

```
        Wilcoxon signed rank test with continuity correction
data: A and B
V=4.5,  p-value=0.02475
alternative hypothesis: true location shift is not equal to 0

警告メッセージ:
1: In wilcox.test.default(A,B,paired=TRUE):
    タイがあるため，正確な p 値を計算することができません
2: In wilcox.test.default(A,B,paired=TRUE):
    ゼロ値のため，正確な p 値を計算することができません
```

$$p \text{ 値} = 0.02475 < 0.05$$

であるから，帰無仮説は棄却される．すなわち，A と B の分布の中心位置に差があるといえる．

なお，「タイがあるため，正確な p 値を計算することができません」と「ゼロ値のため，正確な p 値を計算することができません」という 2 つの警告メッセージが出ている．「タイがあるため，正確な p 値を計算することができません」というのは，例題 14.1 と同じことである．「ゼロ値のため，正確な p 値を計算することができません」というのは，A と B の評価が同じで，A と B の差が 0 になる評価者がいるということを意味している．このようなときにも正確な p 値を計算することができない．

A と B が同じ値になる評価者がいないので，「ゼロ値のため，正確な p 値を計算することができません」という警告メッセージは出てこない．

14.8 Rによる結果の出し方

14.8.1 データの入力

```
> A <- c(3,5,4,2,3,1,2,1,3,4,3)
> B <- c(4,5,5,3,4,1,1,3,4,5,4)
```

14.8.2 Wilcoxon の符号付順位検定

Wilcoxon 符号付順位検定を行うには wilcox.test 関数を使用する.

```
> wilcox.test(A,B,paired=TRUE)
```

paired=TRUE が対応のあるデータであることを示している.

14.9　同点のないデータ

　次に示すようなデータのときには，A と B が同じ値になる評価者がいないので，「ゼロ値のため，正確な p 値を計算することができません」という警告メッセージは出てこない.

表 14.3　データ表

評価者	A	B
1	3	4
2	5	4
3	4	5
4	2	3
5	3	4
6	1	2
7	2	1
8	1	3
9	3	4
10	4	5
11	3	4

```
> A <- c(3,5,4,2,3,1,2,1,3,4,3)
> B <- c(4,4,5,3,4,2,1,3,4,5,4)
> wilcox.test(A,B,paired=TRUE)


        Wilcoxon signed rank test with continuity correction
data: A and B
V=11,p-value=0.03666
alternative hypothesis: true location shift is not equal to 0

警告メッセージ：
In wilcox.test.default(A,B,paired=TRUE):
    タイがあるため，正確な p 値を計算することできません
```

練習問題

14.1 次のデータはある商品 A の満足度を以下のような 4 段階で評価した結果である.

表 14.4 データ表

男	女
2	3
2	4
4	4
1	2
2	4
2	2
1	4
1	3
3	1
2	3

4 非常に満足
3 満足
2 不満
1 非常に不満

男女で満足度で差があるといえるかを Wilcoxon 検定せよ.

14.2 次のデータはある商品 A と B の使いやすさを 8 人の評価者が 5 段階で評価した結果である.

表 14.5 データ表

評価者	A	B
1	4	4
2	5	4
3	5	5
4	4	3
5	4	1
6	1	1
7	3	1
8	2	3

A と B で使いやすさに差があるといえるかを Wilcoxon 符号付順位検定せよ.

第15章　総合演習

15.1　次のデータはある車両部品の強度 y と，その強度に影響を与えているであろうと考えている 5 つの製造条件（x_1, x_2, x_3, x_4, x_5）について，収集したものである．

製品番号	x_1	x_2	x_3	x_4	x_5	y
1	3.7	57	89	61	A	31
2	3.4	53	83	63	A	32
3	2.7	50	77	56	A	25
4	1.9	47	70	52	A	25
5	2.6	51	65	51	A	23
6	2.5	56	82	54	A	29
7	3.4	52	85	55	A	29
8	4.8	55	80	54	A	24
9	3.9	57	84	59	A	27
10	3.7	54	75	57	A	25
11	4.1	54	79	61	A	33
12	4.5	59	97	59	A	32
13	2.1	53	90	55	A	28
14	4.5	57	93	62	A	38
15	3.8	52	92	55	A	29
16	3.1	54	75	58	A	27
17	4.6	58	99	54	A	29
18	5.9	62	84	62	A	31
19	4.1	55	83	63	A	35
20	3.7	57	92	61	A	31
21	4.5	54	75	56	B	26
22	4.8	60	96	68	B	36
23	2.5	56	79	51	B	24
24	3.7	56	79	61	B	31
25	3.6	48	80	63	B	28
26	5.2	59	94	65	B	34
27	3.1	50	78	56	B	23
28	2.7	61	85	52	B	28
29	3.6	59	97	65	B	40
30	3.5	54	75	58	B	25

x_1：熱処理時間　　x_2：熱処理温度　　x_3：硬化剤投入量

x_4：乾燥時間　　x_5：硬化剤の種類　　y：強度

次の解析を実施せよ.

<解析 1 > y について，平均値と標準偏差を求めよ.

<解析 2 > y について，ヒストグラムと箱ひげ図を作成せよ

<解析 3 > x_1，x_2，x_3，x_4 のそれぞれについて，平均値と標準偏差を求めよ.

<解析 4 > x_1，x_2，x_3，x_4 のそれぞれについて，ヒストグラムと箱ひげ図を作成せよ.

<解析 5 > x_1 と y の散布図を作成せよ．また，相関係数を求めよ.

<解析 6 > x_2 と y の散布図を作成せよ．また，相関係数を求めよ.

<解析 7 > x_3 と y の散布図を作成せよ．また，相関係数を求めよ.

<解析 8 > x_4 と y の散布図を作成せよ．また，相関係数を求めよ.

<解析 9 > y について，x_5 の原料 A と B で層別したドットプロットを作成せよ.

<解析 10 > y について，x_5 の原料 A と B で層別した箱ひげを作成せよ.

<解析 11 > x_5 の原料 A と B で，y の母平均に差があるかどうかを t 検定で検定せよ.

<解析 12 > x_5 の原料 A と B で，y の母平均に差があるかどうかを Wilcoxon 検定で検定せよ.

<解析 13 > 目的変数を y，説明変数を x_1 とする単回帰分析を実施せよ.

<解析 14 > 目的変数を y，説明変数を x_2 とする単回帰分析を実施せよ.

<解析 15 > 目的変数を y，説明変数を x_3 とする単回帰分析を実施せよ.

<解析 16 > 目的変数を y，説明変数を x_4 とする単回帰分析を実施せよ.

<解析 17 > 目的変数を y，説明変数を x_1，x_2，x_3，x_4 とする重回帰分析を実施せよ.

<解析 18 > 目的変数を y，説明変数を x_1，x_2，x_3，x_4，x_5 とする重回帰分析を実施せよ.

<解析 19 > 目的変数を y，説明変数を x_1，x_2，x_3，x_4，x_5 として変数増減法を用いた重回帰分析を実施せよ.

<解析 20 > 解析結果をまとめて整理せよ.

15.2　次の 2×2 分割表は機械によって不良品の発生の仕方に違いがあるかどうかを調べた結果を整理したものである．表中の数値は良品と不良品の個数を表している.

	良品	不良品
機械 1	245	15
機械 2	95	13

<解析 1 > 分割表をモザイク図でグラフ化せよ.

<解析 2 > 機械によって不良品の発生の仕方に違いがあるかどうかを χ^2 検定せよ.

<解析 3 > 機械によって不良品の発生の仕方に違いがあるかどうかを Fisher の直接確率検定せよ.

<解析 4 > 機械 1 と機械 2 それぞれの母不良率を信頼率 95％で区間推定せよ.

15.3　次の 2×4 分割表は 4 組の作業班（A 組, B 組, C 組, D 組）によって不良品の発生の仕方に違いがあるかどうかを調べた結果を整理したものである. 表中の数値は良品と不良品の個数を表している.

	良品	不良品
A 組	120	12
B 組	92	8
C 組	151	7
D 組	200	6

<解析 1 >　分割表をモザイク図でグラフ化せよ.

<解析 2 >　作業班によって不良品の発生の仕方に違いがあるかどうかを χ^2 検定せよ.

<解析 3 >　作業班によって不良品の発生の仕方に違いがあるかどうかを Fisher の直接確率検定せよ.

<解析 4 >　4 つの作業班それぞれの母不良率を信頼率 95 ％で区間推定せよ.

15.4　次の 4×5 分割表は 4 組の作業班（A 組, B 組, C 組, D 組）によって不良品の内容に違いがあるかどうかを調べた結果を整理したものである. 表中の数値は不良品の個数を表している.

	キズ	ワレ	カケ	形状	色
A 組	18	8	6	5	6
B 組	22	9	9	6	7
C 組	8	11	22	6	7
D 組	6	21	13	11	6

<解析 1 >　分割表をモザイク図でグラフ化せよ.

<解析 2 >　作業班によって不良品の内容に違いがあるかどうかを χ^2 検定せよ.

■**第 3 章**

3.1

(1)

	小学校数	中学校数	高等学校数
平均	38.00	23.13	13.39
中央値	30	22	12
最頻値	24	17	11

(2)

	小学校数	中学校数	高等学校数
分散	384.45	127.66	55.25
標準偏差	19.61	11.3	7.43
変動係数	0.52	0.49	0.56
第 1 四分位点	24.0	14.5	10.0
第 2 四分位点	30.0	22.0	12.0
第 3 四分位点	51.0	29.5	15.5

(3) 省略

■**第 4 章** 省略

■**第 5 章** 省略

■**第 6 章** 省略

■**第 7 章**

7.1 (1) p 値 = 0.02798 有意である

(2) 95％信頼区間 $-9.3748992 \sim -0.6251008$

【注】 等分散性の検定 p 値 = 0.5184 有意でない

7.2 (1) p 値 = 0.255 有意でない

(2) 95％信頼区間 $-7.151348 \sim 2.151348$

■**第 8 章**

8.1 F 値 = 4.421, p 値 = 0.046 有意である

8.2 F 値 = 4.341, p 値 = 0.0272 有意である

■**第 9 章**

9.1 (1) p 値 = 0.3905 有意でない

(2) 95％信頼区間 $0.2499351 \sim 0.4251783$

9.2 p 値 = 0.3428 有意でない

■第 10 章

10.1 χ^2検定の p 値 $= 0.02425$　有意である

【注】　直接確率検定の p 値 $= 0.01884$　有意である

10.2 χ^2検定の p 値 $= 0.0001952$　有意である

■第 11 章

11.1 (1)　0.9550033

(2)　$w = 0$（晴れ）0.9640334,　　$w = 1$（晴れ以外の天気）0.9760731

■第 12 章

12.1 (1)　$Y = 15.4469x - 366.9748$

(2)　残差の検討では，とくに問題は見当たらない．

■第 13 章

13.1 (1)　data13_2.csv では，強度を y，温度を x1，密度を x2，メーカーを x3，時間を x4，圧力を x5 としている．なお，x3 は数値ではなく，メーカーの種類を表しているので，ダミー変数（A を 0，B を 1 として数値化）にしている．したがって，x3 については基本的な統計量は求めていない．

変数	y	x_1	x_2	x_3	x_4	x_5
最小値	Min. :10.60	Min. :0.600	Min. :−8.400	Length :40	Min. :−6.30	Min. :2.10
第 1 四分位	1st Qu.:23.60	1st Qu.:2.775	1st Qu.:−2.825	Class :character	1st Qu.:5.55	1st Qu.:9.85
中央値	Median :30.60	Median :4.200	Median :−0.300	Mode:character	Median :10.95	Median :12.05
平均値	Mean :30.75	Mean :4.830	Mean :−0.730		Mean :10.59	Mean :12.71
第 3 四分位	3rd Qu.:35.40	3rd Qu.:7.150	3rd Qu.:1.750		3rd Qu.:14.18	3rd Qu.:16.77
最大値	Max. :56.60	Max. :9.500	Max. :6.200		Max. :24.70	Max. :26.50

(2)　（途中略）

```
Call:
lm(formula = y ~ x2 + x3 + x4 + x5)
Coefficients:
(Intercept)          x2          x3B          x4          x5
    -49.685        1.444       -6.108       3.532       3.709
```

(3)　No.7 の残差が大きいので，詳細を調べるとよい．

■第 14 章

14.1 p 値 $= 0.04537$　有意である

14.2 p 値 $= 0.1696$　有意でない

■第 15 章

15.1 ＜解析 1 ＞　平均値 $= 29.267$　標準偏差 $= 4.417$

＜解析 2 ＞　省略

＜解析 3 ＞　x_1　平均値 ＝　3.673　標準偏差 ＝ 0.937

x_2　平均値 ＝ 55.000　標準偏差 ＝ 3.695

x_3　平均値 ＝ 83.733　標準偏差 ＝ 8.622

x_4　平均値 ＝ 58.233　標準偏差 ＝ 4.546

＜解析 4 ＞　省略

＜解析 5 ＞　x_1 と y の相関係数 ＝ 0.460

＜解析 6 ＞　x_2 と y の相関係数 ＝ 0.541

＜解析 7 ＞　x_3 と y の相関係数 ＝ 0.705

＜解析 8 ＞　x_4 と y の相関係数 ＝ 0.782

＜解析 9 ＞　省略

＜解析 10 ＞　省略

＜解析 11 ＞　t 検定の p 値 ＝ 0.842

＜解析 12 ＞　Wilcoxon 検定の p 値 ＝ 0.8771

＜解析 13 ＞

	Estimate	Std. Error	t value	Pr(>|t|)	
(Intercept)	21.2939	2.9967	7.106	9.89e-08	***
X1	2.1704	0.7913	2.743	0.0105	*

＜解析 14 ＞

	Estimate	Std. Error	t value	Pr(>|t|)	
(Intercept)	-6.2889	10.4740	-0.600	0.55305	
X2	0.6465	0.1900	3.402	0.00203	**

＜解析 15 ＞

	Estimate	Std. Error	t value	Pr(>|t|)	
(Intercept)	-0.99468	5.77565	-0.172	0.865	
X3	0.36140	0.06863	5.266	1.34e-05	***

＜解析 16 ＞

	Estimate	Std. Error	t value	Pr(>|t|)	
(Intercept)	-14.9532	6.6909	-2.235	0.0336	*
X4	0.7594	0.1146	6.628	3.43e-07	***

＜解析 17 ＞

	Estimate	Std. Error	t value	Pr(>|t|)	
(Intercept)	-32.24097	8.26474	-3.901	0.000639	***
X1	-0.91708	0.61150	-1.500	0.146211	
X2	0.21097	0.15611	1.351	0.188652	
X3	0.19527	0.06401	3.050	0.005348	**
X4	0.63404	0.11597	5.467	1.12e-05	***

＜解析 18 ＞

```
            Estimate  Std. Error  t value  Pr(>|t|)
(Intercept)  -34.72968   8.38691    -4.141  0.000369 ***
X1            -1.03887   0.61114    -1.700  0.102080
X2             0.25116   0.15727     1.597  0.123354
X3             0.18146   0.06411     2.830  0.009251 **
X4             0.67287   0.11842     5.682  7.48e-06 ***
X5            -1.13760   0.88626    -1.284  0.211537
```

＜解析 19 ＞

(1)　変数 X5 を除外（p 値 $= 0.2115$）

(2)　変数 X2 を除外（p 値 $= 0.1887$）

(3)　変数 X1 を除外（p 値 $= 0.3182$）

(4)　最終モデル

```
             Estimate  Std. Error   t value     Pr(>|t|)
(Intercept) -22.1833132 5.63551919 -3.936339 0.000523624244
X3            0.2234981 0.05458255  4.094680 0.000344357100
X4            0.5621478 0.10351862  5.430402 0.000009603552
```

＜解析 20 ＞　省略

15.2 ＜解析 1 ＞　省略

　　　＜解析 2 ＞　χ^2 検定の p 値 $= 0.06444$

　　　＜解析 3 ＞　Fisher の直接確率検定 p 値 $=$ p-value $= 0.05096$

　　　＜解析 4 ＞　機械 1 の母不良率の信頼率 95 ％区間　$0.03264596 \sim 0.09337030$

　　　　　　　　　機械 2 の母不良率の信頼率 95 ％区間　$0.06567473 \sim 0.19703873$

15.3 ＜解析 1 ＞　省略

　　　＜解析 2 ＞　χ^2 検定の p 値 $= 0.05939$

　　　＜解析 3 ＞　Fisher の直接確率検定の p 値 $= 0.05272$

　　　＜解析 4 ＞　A 組　$0.04786018 \sim 0.15341553$

　　　　　　　　　B 組　$0.03517156 \sim 0.15155764$

　　　　　　　　　C 組　$0.01799534 \sim 0.08915030$

　　　　　　　　　D 組　$0.01076229 \sim 0.06231444$

15.4 ＜解析 1 ＞　省略

　　　＜解析 2 ＞　χ^2 検定の p 値 $= 0.0006402$

索　引

著 者 略 歴

内田　治（うちだ　おさむ）

現　　在　東京情報大学総合情報学部総合情報学科　准教授
　　　　　（専門分野）統計学，多変量解析，実験計画法

笹木　潤（ささき　じゅん）

現　　在　東京農業大学生物産業学部自然資源経営学科　教授
　　　　　（専門分野）農業経済学，統計学，データ解析

佐野雅隆（さの　まさたか）

現　　在　千葉工業大学社会システム科学部経営情報科学科　准教授
　　　　　（専門分野）情報数学，情報処理，データ解析

実習ライブラリ＝13

実習 R 言語による統計学

2020 年 9 月 25 日　　ⓒ　　　　　　　初 版 発 行

　　　　　　内田　　　治　　　　　　発行者　森 平 敏 孝
著者　　笹木　　　潤　　　　　　印刷者　小宮山恒敏
　　　　　　佐野　　雅隆

発行所　　　株式会社　サ イ エ ン ス 社

〒151-0051　東京都渋谷区千駄ヶ谷 1 丁目 3 番 25 号
〔営業〕（03）5474-8500（代）　振替　00170-7-2387
〔編集〕（03）5474-8600（代）　FAX　（03）5474-8900

印刷・製本　小宮山印刷工業（株）

《検印省略》

ISBN978-4-7819-1478-7
PRINTED IN JAPAN

サイエンス社のホームページのご案内
https://www.saiensu.co.jp
ご意見・ご要望は
rikei@saiensu.co.jp　まで

実習 Word
－基礎からExcel・PowerPointとの連携まで－

入戸野・重定・児玉・河内谷共著
2色刷・Ｂ５・本体1950円

実習 Excel による表計算

入戸野・柴田共著　2色刷・Ｂ５・本体1450円

実習 Visual Basic 2005
－だれでもわかるプログラミング－

林・児玉共著　2色刷・Ｂ５・本体1950円

実習 Visual C++.NET
－だれでもわかるプログラミング－

児玉・小川・入戸野共著　2色刷・Ｂ５・本体2100円

実習 Visual Basic ［最新版］
－だれでもわかるプログラミング－

林・児玉共著　2色刷・Ｂ５・本体2100円

実習 データベース
－ExcelとAccessで学ぶ基本と活用－

内田編著　藤原・吉澤・三宅共著
2色刷・Ｂ５・本体1950円

実習 情報リテラシ ［第3版］

重定・河内谷共著　Ｂ５・本体1950円

実習 Ｒ言語による統計学

内田・笹木・佐野共著　2色刷・Ｂ５・本体1800円

＊表示価格は全て税抜きです.

サイエンス社